从弓箭头到鼠标箭头：给仿生人讲人类科技史

LO QUE SUEÑAN
LOS ANDROIDES

[西]戴维·加耶 / 著

赵雨萌 / 译

贵州出版集团
贵州人民出版社

Lo Que Sueñan Los Androides

© 2023, David Calle Parrilla

Publication arranged by Penguin Random House Grupo Editorial, S. A. U.

Simplified Chinese edition copyright © 2024 Light Reading Culture Media (Beijing) Co., Ltd.

All rights reserved.

著作权合同登记号 图字：22-2024-057

图书在版编目（CIP）数据

从弓箭头到鼠标箭头：给仿生人讲人类科技史 / （西）戴维·加耶著；赵雨萌译．– 贵阳：贵州人民出版社，2024.10.–（T文库）．– ISBN 978-7-221-18496-2

Ⅰ．N091

中国国家版本馆 CIP 数据核字第 2024ST4655 号

CONG GONGJIANTOU DAO SHUBIAOJIANTOU:
GEI FANGSHENGREN JIANG RENLEI KEJISHI
从弓箭头到鼠标箭头：给仿生人讲人类科技史
[西] 戴维·加耶 / 著
赵雨萌 / 译

选题策划	轻读文库	出 版 人	朱文迅	
责任编辑	唐 露	特约编辑	姜 文	

出 版	贵州出版集团　贵州人民出版社	
地 址	贵州省贵阳市观山湖区会展东路 SOHO 办公区 A 座	
发 行	轻读文化传媒（北京）有限公司	
印 刷	天津联城印刷有限公司	
版 次	2024 年 10 月第 1 版	
印 次	2024 年 10 月第 1 次印刷	
开 本	730毫米 × 940毫米　1/32	
印 张	6.875	
字 数	127 千字	
书 号	ISBN 978-7-221-18496-2	
定 价	30.00 元	

关注轻读

客服咨询

致玛塔，

我相信她会在寒冬里，

在混乱中，

找到自己内心无敌的夏天。

目录

2056年12月15日　下午6时21分

夕阳从亨吉德火山背后落下。这个时间，在冰岛的奈斯亚威里尔也没什么事可做，除了看看天气预报，盼望今天不会有太多云层，地磁指数能超过四级。或者只要超过三级，我就满足了。

运气不太好。云层覆盖率为80%，地磁指数只有2.33。这么多云，今天看来是不可能了。因为如果地磁指数，就是3个小时内地球磁场变化的指数能高于4（不算高，最大值是9），更重要的是要没有什么云，那么我今天能再次看到极光至少还有点希望。

请原谅，我还没有介绍自己。我的名字叫汉斯，我想我是个冰岛人，名字来自儒勒·凡尔纳的《地心游记》中三个主角之一，另外两个是奥托和阿克塞尔，而且《地心游记》的起点就在我所处的地方，斯奈费尔斯约库火山。

但是，我名字的由来并不是因为这些，这样的理由过于浪漫了。汉斯其实是启发式安全仿生机器人（Heuristic Android non Sensitive）的缩写。我是一个仿生人。我拥有超强的力量和敏捷性，还至少和创造我的工程师们一样聪明。如此高的开发程度和完美性，使我们看起来几乎与人类无异。他们叫我"复制人"，显然是参考了一位名叫雷德利·斯科特的导演在

1

1982年拍摄的电影《银翼杀手》，这部电影改编自菲利普·迪克的小说《仿生人会梦见电子羊吗？》。影片的背景是2019年的洛杉矶，在被放射性战争污染的地球上，几乎所有的动植物都被消灭了，政府大力鼓励人们逃亡到人类正在殖民的火星上。为了鼓励人们前往火星，政府向任何愿意前往火星的人免费提供一个Nexus-6型仿生人。地球上的人类实际上已经灭绝。

具有讽刺意味的是，创造我的工程师们都不在了，地球上的人类已经完全灭绝。至于我，我负责管理这个在冰岛的第二大地热发电厂。只要我能让它持续运转，它就能产生足够的电力，供我每晚充电，并保证一切都能正常运转。

我必须说的是，我独自一个人，完全与世隔绝。也许这看起来微不足道，但对于一个负责维持整个地热发电厂每天19个小时运转的人来说，时刻都得关注着程序报警、指示器、刻度盘和数字，而有机会在某个夜晚凝视着任性的北极光，是能让我从日常工作中解脱出来的为数不多的事情之一。在这里，日复一日，月复一月，年复一年，无休无止。冰岛的时间过得很慢很慢。

已经很多年都没有通信网络连接到这里了。不过至少我还保留着成千上万的播客内容和档案资料，这些都是二十年前从网络云盘上下载下来的。今天我要开始看一部关于过去科技史的新系列片了。它们是西班牙教授戴维·加耶为他的 YouTube 频道（显然是21世纪第二个十年间运营视听内容的某个网络社交平台）撰写的关于未来世界的脚本的一部分。其中还摘录了他的个人日记，讲述了 2046 年那个生死攸关的夏天。我都记不清这些虚拟的日志第一次成为我闲暇时光的一部分是什么时候了，可以说它们组成了我的梦境……

剩下的工作就是关闭最后一道安全和控制程序，然后去休息。温度正常。充电循环启动。气压在正常安全参数范围内……一切都在控制之中。明天又是漫长的一天，不过幸运的是，每年这个时候，白天都会变短……

我启动了睡眠控制器，开始下载第一部分内容"什么是技术？"。认真的吗？我不知道梦境控制程序是不是在无情地讽刺我。我每天的工作、我的日常流程可以说就是技术。

正在下载，89%……再过几秒钟，我们开始……

———

什么是技术？

走进购物中心的科技产品区时，我们会见到超薄笔记本电脑、USB数据线、最新一代智能手机、视频分享者专用相机、移动硬盘、不同尺寸的平板电脑、键盘、智能手表、扫描仪、打印机、耳机、生物识别手环等。我们通常将技术与最新一代电子产品联系在一起，无论好坏，它们已经占据了我们的生活，并介入了生活的方方面面。当代生活中最可怕的事情之一就是设备没电或网络连接不上，就好像我们迷失在现实中的某个未知维度，远离了世界和人类同胞。但技术是一个更为超然、更为古老的概念。

　　几万年前的某一天，某个原始人将一块石头砸向另一块石头，创造出了一把燧石刀。也许那个人正是以这样的方式创造出第一个技术应用的小工具，无须网络或电力的帮助，用它来切肉、剥皮或刮其他东西。我们可以说，技术是人类为了适应环境、满足需求和实现欲望而创造出来的。西语中的"技术"（tecnología）一词来自希腊文tekne（技术或技能）和logos（科学或论述）。

　　因此，技术不仅仅来自硅谷，还包括人类诞生之初将自然资源转化为简单工具的史前技术。例如，诞生于3万多年前的弓箭，就构成了一种智能的技术体系，它将手臂拉动弓弦所产生的能量传递给箭，使其高速射向目标（相比较而言，想要射得准就更为困难了）。

工具为我们带来了狩猎的优势（也带来互相搏斗的诱惑）。随着时间的推移，弓箭日臻完善，射速越来越快，射程越来越远，甚至成了奥林匹克运动项目，还为我们带来了历史性的一刻（而且更好玩）。比如安东尼奥·雷波洛在1992年巴塞罗那奥运会开幕式上用弓箭点燃了奥运圣火，有幸目睹这一刻的我们，无疑经历了人生中最重要的时刻。

火不仅能保护我们免受敌人的伤害，给我们带来温暖，还能用来烘焙或炖煮肉类、蔬菜与菌菇，让我们享用更好的美食。我们通过煮沸水，不仅消除了水中可能含有的病原体，还提高了食物的营养价值，从而获得更多能量。通过烹饪，食物坚硬的纤维被软化，人类的咀嚼和消化过程变得容易，可以从同样的食物中获得更多热量，而这些热量是我们日常生活必需的，也是人类维持大脑运转需要的。巴西里约热内卢联邦大学生物医学研究所的苏珊娜·埃尔库拉诺-乌泽尔认为，这就是为什么可以说是烹饪成就了人类。她指出，直立人的脑容量因此在60万年里增加了一倍。

烹饪为我们提供了营养，使大脑更发达，有更多的时间去做更重要的事情。反观大猩猩或黑猩猩的饮食以生食为主，且需花费很多时间觅食，其发展就远不如人类了。可以说，这是人类文明取得的第一个巨大成功。

车轮的发明也许是人类文明的第二个成就。它让我们移动得更快、更远、更方便。交通得到改善，货物运输更为便捷，我们也能到达更遥远的地区，到更多的地方定居或获取资源。后来又有了混凝土、火药和指南针。就这样，经过几千年的发展，直到"抖音"出现，技术不仅存在于人类创造的最复杂的事物中，也存在于人类先驱使用的最简单的物品中。鱼钩、缝衣针、网、磨轮、烤炉、金属锻造、滑轮……这样的例子不胜枚举，尽管有时我们会忽视掉最简单的东西。

如今，我们环顾四周就会发现，几乎身边的每一件物品都是由工程师设计并通过技术研发制造出来的：窗户上用的聚氯乙烯、家用电力系统、家用电器、墙上的涂料、医院里的诊断设备、衣服的面料、意式咖啡机、在街上行驶的汽车和它们遵守的交通信号灯、超市里的收银机、人们整天为之着迷的智能手机。不仅是看得见的东西，在看不见的空间范围内，我们的生活也被各种电磁波渗透，我们的通信和娱乐以无线网络、无线电、GPS信号、电话或电视的形式搭乘电磁波的便车。在现代文明中，一切都是技术的载体。

技术、技能
与历史

　　我还记得上大学的头几年，我们玩的还是像素电子游戏。其中最令我印象深刻的是席德·梅尔的《文明》，我把很多学习时间花在了打游戏上，而我爸妈并不知道。后来不少游戏都受到了《文明》的启发，从《帝国时代》到《模拟城市》，还有很多当今畅销的游戏。从原始文明开始，直到获得金、铁或木材等原材料，在这款游戏中，技术发展是关键。从制造陶器到将宇宙飞船送入外太空，每个新技术的出现都可以给你带来战胜对手的必要优势，并且毫无疑问都要以之前已经出现的技术为基础。因为科学和技术的发展和现实中一样都是需要累积的。

　　在《文明》这款电子游戏中，技术最先进的文明往往能轻易征服其他文明，最终成为赢家。在现实世界和人类历史中，也发生过类似的情况：在某个特定时期掌握科学技术的强国能超越其他国家，建立庞大的帝国。西班牙征服者凭借高超的战争技术（可悲的是，还有携带的病菌）征服了阿兹特克和印加帝国，19世纪改变地球格局的所有殖民进程也是如此。所谓第一世界，所谓发达国家，是那些能够更早、更有效地开启某种卓越技术进程的国家。这与今天的情况相差无几，处于最新技术进步前沿的国家，或者说那些对技术进步投注更多精力的国家，往往占据上风，代表着"更好的"生活水平。有意思的是，一些国家的政府对科研缺乏兴趣，似乎对他们来说，技术既非必要，又太复杂，应该由其他人来完成。正如米格尔·德·乌纳穆诺常说的那样："让别人去发明吧。"

虽然技术和技能有时被当作同义词，但是一些哲学家还是会区分这两个术语的，技能一般不需要科学知识就能实现。例如，古代铁匠在铸剑时并不太了解物理和化学定律，他们的手艺是一种技能，他们凭借直觉、反复试验和世代相传的经验来使用火和金属。而技术则直接来自科学知识的应用。例如，巴丁、肖克利和布拉坦就是在这些理论的指导下研制出晶体管[1]的。这个天才的发明为他们在1956年获得了诺贝尔物理学奖，也是现在使用的所有电子技术的基石。

我提到的晶体管，并不是指20世纪家家户户日常生活中用到的无线电设备，而是指半导体电子元件，它们是控制大多数电子设备的芯片和集成电路的一部分。

在发明电话时，人们一直在寻找一种固态转换器来取代那时用于信号放大的继电器和真空阀，这对长距离传输至关重要，因为必须每隔几分钟放大一次信

---

[1] 晶体管是一种半导体电子装置，可将一个信号转换成另一个信号。它可以配置或"表现"为放大器、振荡器、转换器或整流器。——作者注（如无特殊说明，均为作者注）

号，来确保信号能顺利到达目的地。而耗电量大、散热量高的真空阀很难达到预期的效果。

1947年圣诞节，美国电话电报公司贝尔实验室的三位工程师想出了一个解决方案，并一直保密到1948年6月30日。他们制造出一个小型、高度可靠的原型机，利用两种半导体（锗和硅）的物理和电子特性来放大电信号。因此，肖克利离开贝尔实验室，在加州帕洛阿尔托创建肖克利半导体公司，试图将他的发明（当时没什么人关注）投入商业开发，从那一刻起，这块毗邻旧金山湾的小飞地就被称为"硅谷"。如今，谷歌、苹果、英特尔和微软等全球最重要的科技公司都集中在这里。因为肖克利性格古怪，所以他手下八位最优秀、最聪明的科学家（当时被称为"叛逆八人帮"）不久后另外创建了仙童半导体公司。其中的鲍勃·诺伊斯和戈登·摩尔后来创建了英特尔公司，现在该公司每天生产着含有数十亿个晶体管的集成电路。你的电脑里或许就有英特尔芯片。

回到对技能和技术的区分。在技能领域，我们知道事情是怎么做的，尽管并不真正知道为什么要这样做。在技术领域，由于科学的发展，我们知道了各种技术解决方案的来龙去脉。有些观点认为，这是科学与技术的混合体，即科技。

在一些特别的案例中，技术先于科学。17世纪末的蒸汽机就是在没有科学支持的情况下发展起来的，而当时的研究人员从中成功地建立了热力学。

早在公元1世纪，希腊数学家亚历山大的希罗就发明了有史以来第一台蒸汽机"汽转球"，它能将热能转化为机械能，从而产生运动。几个世纪的时间里，它一直被当作玩具或娱乐消遣的东西。直到1775年，布尔顿和瓦特基于同样的原理，结合之前积累的所有科学、实践和知识，申请了第一台实用蒸汽机的专利，蒸汽机成为工业革命的推动力之一。

直到18世纪末，蒸汽机才在商业上取得成功。托马斯·塞维利（1650—1715年）于1698年发明了一种能够烧火提水的发动机，获得了第一项专利。通过这一早期研发，托马斯·塞维利成为商用蒸汽机的发明者。不过，正如我们所知，随着时间的推移，这种发动机还将经历无数次重大改动。

托马斯·塞维利的蒸汽机依靠的是一种利用蒸汽动力将水从矿井中抽出的系统。因此，它被称为"矿工之友"。然而，这种蒸汽机也有很大的局限性，因为它存在严重的爆炸风险。

14年后，托马斯·塞维利的伙伴托马斯·纽科门根据他的草图发明了一种使用低压蒸汽的装置。这样，纽科门就创造出了一种能够利用蒸汽推动活塞前进的机器。空气的压力迫使活塞向后移动，活塞的这种运动被用来驱动水泵和许多其他类型的系统。

詹姆斯·瓦特的蒸汽机

时间来到1769年，瓦特为蒸汽机申请了专利。因此，有人认为他才是蒸汽机真正的发明者。他改造了以前的机器，尽管升级后的机器依然以非常低效的方式使用蒸汽力。

在其设计带来的技术进步中，有一项重大改进，因为瓦特意识到，纽科门的发动机损失了大量热量。因此，他设计了一种系统，更好地利用热量来蒸发更多的水。就这样，瓦特创造出了一种更经济、更高效的蒸汽机。

如果说晶体管是20世纪最重要的发明，标志着通信时代的开始，那么蒸汽机则是19世纪无可争议的主角，是工业革命发生的主要原因。

伟大的标志性发明无须赘述。农业最初是纯技术性的，起源于新石器时代，当时人类学会了利用土壤和耕种土地，随着时间的推移，农业的技术含量呈指数级增长。现在，我们可以谈论智慧农场，但早在几十年前的1960年，就发生了所谓的"绿色革命"，从根本上改变了农作物的产量。

在长达十年的时间里，美国农学家诺曼·博洛格致力于在发展中国家对小麦、玉米和水稻品种进行选择性杂交，直到培育出产量最高、抗虫害和抗极端气候能力最强的品种。此外通过借助新型化肥和杀虫剂，以及重型机械和滴灌技术（一种将水一滴一滴直接输送到每株植物根部的局部灌溉），我们种植农作物的方式发生了翻天覆地的变化。

报废与战争

正如托马斯·库恩在谈到科学知识时所指出的那样，以农业发展为例，技术进步是通过知识积累实现的，而且总是与某些革命相伴而生。有时候，革命会从一个范式跳到另一个范式，也就是说，用来理解事物的概念框架会发生变化。在技术领域，我们可以在日常生活中看到技术过时的现象：旧技术被新技术所取代。任天堂的传奇游戏机 *Game Boy* 有着古老的黑白屏幕，超级马里奥在屏幕上跳跃，俄罗斯方块在屏幕上无情落下，与新的 *PlayStation 5* 相比，这样的游戏机已经完全过时了。在 *PlayStation 5* 上，我们享受视频游戏里极其逼真的开放世界。与多功能料理机或等离子电视一样，每款新的苹果手机都是在上一代的基础上改进而来的。

无论是迫于社会压力，还是出于绝对需要，我们都不得不适应技术变革，除非能像隐士一样身处远山，凝视流云。技术带给我们的是同质化的东西，从这个意义上说，我们不能忽视另一种常见的现象，即所谓的"程序性报废":这是一种可疑的做法,即科技公司通过对产品的程序设置,限定了产品的使用时长。举例来说,手机电池或灯泡在购买的三年后立刻就不工作了,可以参考德国导演科瑟玛·丹诺里策的著名纪录片《灯泡阴谋》。你有没有听过"上了年纪"的人,也就是现在被称为"婴儿潮一代"的人说过,以前汽车、冰箱和洗衣机的寿命要长得多?确实如此。通过程序性报废这样的手段,科技公司可以成功维持销售数字,让消费者成为其产品的俘虏,不得不复购,从而使经济的车轮不停转动,利润不断增加。

然后,更大的问题出现了:我们该如何处理这些"过时的"技术呢?虽然有一些技术迷致力于变废为宝,但绝大多数技术垃圾最终都被装上船,运往贫穷国家,比如西非的加纳,那里有我们见所未见的垃圾填埋场,巨大、肮脏的垃圾堆积成山:这是对不发达国家厚颜无耻的掠夺。其中最危险的是电池和有毒废物。我们对技术的副作用充耳不闻。在非洲,这似乎并不是重要议题,就像当地发生的战争一样。西方国家的态度是:眼不见为净。

我还记得钶钽铁矿,由钶铁矿石和钽铁矿石组成,因为它导电性好、易延展、储电性能好、耐腐蚀性强,所以是非常有用的电子元件原材料。刚果的钶钽铁矿储量丰富,而刚果是一个遥远的国度,位于非洲腹地,幅员辽阔,多年来武装冲突频发。当我们在沙发上浏览 Instagram 时，刚果人民正在面对战斗和死亡，这或许是第二次世界大战以来最大规模的屠杀。这并不是刚果第一次发生以资源争夺为目标的大规模屠杀。在19世纪末的殖民过程中，比利时国王利奥波德二世占领了所谓的刚果自由邦，为了获取橡胶，给被奴役的人民带来了巨大的苦难。为了保证富裕国家的利益，技术再次给这个"遥远的国家"造成了种族灭绝，而这一次是轮胎技术。作家约瑟夫·康拉德根据这些恐怖事件创作了中篇小说《黑暗之心》，后来弗朗西斯·福特·科波拉的电影《现代启示录》就是以它为灵感创作的。

我们应该意识到，日常消费和对技术的使用会产生人类无法预见的后果，而且由于多方利益博弈，我们往往对后果一无所知。技术不仅仅是发光屏、视听平台、即时通信和其他便利，还会对世界产生不良影响。

加速

火、车轮、弓箭，人类从远古的石器时代一路走来，时光荏苒，技术也在时间的洪流中发生了巨大变化。事实上，人类总体的进步有时会和技术的进步画上等号，这并不完全正确。正如我们所见到的，技术发展不一定意味着人类生活变好，至少不是全部人类的生活。技术和科学就像菜刀：用得好，可以把蔬菜切成丝；用得不好，也可以刺伤别人。

远古时期，各个史前时代以其时代技术所使用的材料来命名：石器时代、铜器时代（欧洲东南部）、青铜器时代和铁器时代。这种命名法非常重要：我们用人类开发出的技术来表示人类早期的不同阶段，特别是不同金属（石头除外）的使用。换句话说，每个时代都以其冶金学为特征，就像在游戏《文明》中一样，但现实生活不是游戏。例如，在铁器时代，人类发现了铁加工的秘密，因此铁匠出现了。铁比以前的青铜（铜和锡的合金）更容易获得，而且地球上的铁资源非常丰富。铁制武器比青铜武器更坚硬，同时，如果被击打变形，铁质武器还可以修复：这是技术进步。除了制造武器，铁还可以用来制作盔甲或工具，例如厨具、餐具、农具。

历史的每个阶段都是由科学、技术和工艺的进步划分的，那就让我们和历史进程一样，从头开始。由汉纳-巴伯拉工作室制作的系列动画片《摩登原始人》以有趣的方式讲述了史前时期的故事。该系列最引人注目的地方是，在弗雷德和保罗·弗林特斯通的世界里，史前文明与20世纪的技术融为一体：用树干做成的汽车，拿动物角当听筒的电话，或者把小恐龙绑在手推车上，就成了一台割草机，推动时小恐龙会啃掉路上的杂草。1万多年前，石器时代中期的新石器革命代表着一场巨大的技术变革：农业得到了发展，人类因此放弃了游牧和狩猎采集的社会形态，定居在城市中，进而促进了文明的巨大发展，这是众所周知的事。有趣的是，有些人会有不同的看法，比如历史学家、畅销书《人类简史》的作者尤瓦尔·赫拉利认为，狩猎采集者的生活压力较小，劳动强度较低，直接取材于大自然要容易多了，但"小麦驯化了我们"，"迫使"我们辛勤劳作，耕种土地，从早到晚，完完全全地与土地捆绑在一起，继而产生了财产、暴力、权力以及人对人的统治。

在希腊-拉丁语世界，技术取得巨大进步主要得益于许多伟人智者的推动，例如阿基米德（提出了杠杆定律等广为人知的物理学概念，包括著名的阿基米德流体力学原理）。传说中，当这位希腊学者浸入澡盆，看到水往外溢出时，他大喊："我发现了！"众所周知，任何浸入液体的物体都会受到垂直向上的推力，该推力与排出液体的重量相等。因此，当时的技术不仅与水（渡槽、温泉浴场、淋浴设备）和航海（以及制图）有关，还与采矿、武器、运输和建筑有关。一些历史学家认为，在远古时代末期，由于奴隶制的存在，技术发展出现了衰退：为了让生活更轻松，迫使人类作为奴隶来处理烦琐的工作要比努力挠破脑袋来开发新技术容易得多。人可以作为驱动力，为什么还要优化技术呢？因此，中世纪通常被认为是

　　　　　　　　　　Chapter 1　什么是技术？

知识的黑暗时期，是宗教话语和柏拉图或亚里士多德的古代哲学文本凌驾于自然和学习之上的倒退时期（中国和阿拉伯世界并非如此，前者发明了火药和指南针，后者在化学、物理、医学和数学等领域的知识不断进步）。即便如此，当时在风车、建筑（建造了有美丽彩色玻璃窗的大教堂）、农业、钟表制造和军事机械（第一件火器）方面还是取得了一些进步。

到了近代，文艺复兴、启蒙运动和科学革命都优先考虑从自然中汲取的经验知识，也就是科学，这使时代的飞速进步成为可能。弗朗西斯·培根在《新大西岛》中描写出了第一个技术乌托邦，在这个乌托邦中，幸福的人类征服了自然，达到了自己的目的。达朗贝尔和狄德罗的《百科全书》在很大程度上汇集了当时所有的科技知识、艺术和手工艺。在工业革命中，随着蒸汽机的出现，工业开始发展。后来又出现了缝纫机、电灯泡、避雷针、电报、电话和机动车等新发明（特别有趣的是，这些发明后来都出现在了前面提到的《摩登原始人》系列动画中，而且是穴居人适用版）。纺织业和钢铁业也得到了发展，生产出了钢这种由铁和碳组成的合金，这种合金具有很多优点，而这些优点又为无数的新发明提供了条件。因此，煤炭成了这场革命的真正能源引擎，消耗量也急剧增长。如今为了阻止气候变化，我们必须减少化石燃料（后来出现的石油和天然气）的使用，但在当时，科学和技术刚刚开始飞速发展，人们并没有预见到这种开采的不良后果。现在，人们已经开始寻找解决办法，重要的不是"怎么做"，而是"为什么这样做"。

20世纪，科学知识爆炸式增长，尤其是在物理和化学领域。人类成功将自己送上了月球，还在月球表面留下了足迹，各种新材料（尤其是塑料）涌现出来，数字革命的到来最终成就了我们现在所处的世界。电子技术的发展催生了计算机和通信技术，后者是我们现在每天都在使用的。通信可以在瞬间完成，世界上几乎所有的知识都收录在互联网这座无限图书馆中，获得无尽的欢乐只需轻轻点击一下鼠标。一些只有在《星际迷航》等科幻电影中才能看到的"高科技奇迹"，比如视频会议，如今已经不足为奇。从这个意义上说，我们有时并没有意识到自己正生活在奇迹之中。

而负面问题则是人口过剩、环境破坏、资源枯竭、核武器和全球恐怖主义，这些都与技术密切相关。不仅如此，日常生活中，不论是成人还是儿童都越来越沉迷于技术，我们还不能恰如其分地使用令人日益狂热和着迷的先进技术（硅谷的一些技术专家更想让自己的孩子远离电子屏幕，虽然这些屏幕是他们自己研发推广的）。更不用说通过社交网络进行的技术间谍活动，或者大型科技公司大量获取关于我们的数据（它们可以将这些数据卖给出价最高的竞标者）。我们在社交网络上所做的一切都会成为数据，而数据经过分析后，又把我们感兴趣的信息推送给我们。通过在互联网上的行为，算法可以比你更了解你自己。我们不仅接收和掌握一些带有偏见的信息，因为它们是根据我们所谓的兴趣来推送的，还总是被阴谋论和假新闻包围。别想再去证明地球是平的，想都别想。质疑我们所掌握的一切当然是非常重要的，如果从不怀疑迄今所知的一切，人类就不会进步。但有些真理是永恒不变的。比如，意大利人吃的比萨不能放菠萝，地球是扁球体，无可辩驳。

在社交媒体上"美化"真相是一件非常容易的事，而且你最终只会得到你想得到的东西……新闻业一直有这样的说法，"不要让惊人的标题毁了一则新闻"。我们都知道这一点，但最终只记住了那个标题。不幸的是，社交网络越来越两极化和政治化。我们的时间越来越少，批判意识越来越薄弱，我们不愿多花一秒钟去阅读每一篇让我们有共鸣的文章，虽然我们按下了转发键。标题，看来有个惊人的标题就够了。我们既没有时间阅读整篇文章，也没有时间做对比。此外，如果我表达自己的观点或提出质疑，就会面临被拒绝和拉黑的风险。我们这些上了一定年纪的人也会受到影响（而且影响不小），但已经有了一些经验，或者有过一些争执之类。我们以同样的方式陷入分裂、被引导和被控制，但我为之奉献一生的年轻人正受到来自各个方面的攻击，他们把在屏幕上看到的东西奉为圭臬，很难摆脱他人的海量舆论，一不小心就会因为在互联网上发现了地球是平的而最终相信地球是平的。但让我重申一下，地球是扁球体，无可辩驳。

这还不是全部。不久之后，物质生活的所有要素也将通过物联网连接起来，因此万物之间的联系越来越依赖于网络。这意味着又多了一个漏洞：正如记者埃斯特·帕尼亚瓜所问，如果互联网瘫痪了会发生什么？这件事越来越有可能发生：2021年10月4日，我们见证了脸书、WhatsApp和Instagram平台瘫痪了几个小时。技术的发展意味着未来已经不再那么吸引现在的人，而在不是很久之前，未来还充满着不可思议的可能性，比如飞行汽车、智能服装或机器人管家，像汉纳-巴伯拉工作室的另一部动画片《杰森一家》中描述的那样。

不好意思，我有点跑题了。除了社交媒体之外，几个世纪以来，技术发展始终如一，尽管最近几十年它经历了前所未有的加速。有关专家用"人类世"来指代人类开始有能力大规模改造地球的时代，这一点仍存在争议。地质学家认为"人类世"并不是指一个确切的地质时代，而是指人类演化时代或者与我们自身活动相关的时代。例如，"全新世"是第四纪的最后一个（也是当前的）纪元，从最后一个冰河时期之后开始，与可验证的地质和环境事实严格相关，而"人类世"则完全不同。

不管怎样，"人类世"是从工业革命时期开始的，那时二氧化碳开始大量排放，改变了地球的气候，全球逐渐变暖。事实上，人类无节制的工业活动导致了生物的大规模灭绝和生态系统的退化。在人类学领域，我们还观察到一种被称为"大加速"的现象。大约从1950年开始，人类文明的许多参数开始明显地、不间断地增长，包括世界人口、温室气体浓度、森林面积流失量、海洋酸化度、生物圈退化度、水消耗量、能源使用量、化肥使用量和电信通信量。可悲的是，人类越扩张，大自然可利用的空间就越小。

在过去的50年中，技术的飞速发展令人目不暇接，在某些情况下与上述技术有关。戈登·摩尔是微处理器公司英特尔的联合创始人，他在1965年提出了一个以自己名字命名的定律——摩尔定律。这是一条经验法则，即从经验而非通用定理中总结出来的。它指的是，每两年微处理器中的晶体管数量会翻一番，而微处理器的价格则会下降。正如摩尔所说，自20世纪60年代以来，这种情况就一直存在，而且精确度惊人。晶体管的微型化使机器的计算能力每两年提升一次。

每个人都能在生活中观察到这一点，只需想想十年、十五年、二十年前我们是如何生活的……我们周围的机器正变得越来越小、越来越强大。最早的计算机之一是1946年的"埃尼阿克"，它占满了整个房间，只能用于某些与弹道学有关的数学计算。如今，智能手机的功能强大了数千倍，而且只占了我们一个手掌。据估计，一部智能手机，就像你拥有的这部，无论好坏，其计算能力的总和都超过了帮人类登上月球的所有计算机……人们认为，摩尔定律将在未来几年内失效，因为微型化进程可能会停止。晶体管已经如此之小，只有几纳米，几乎不可能制造出更小的来了。或者，我们现在正在研究如何设计量子计算机，利用量子力学近乎神秘的力量来取代现有的计算机。

　　这种设备的要诀在于它能基于量子比特工作。我们观看的视频、撰写的微博、上传到Instagram的照片、发送的电子邮件，计算机或智能手机对其执行的每一项操作都基于一长串二进制数字，这些数字由0和1组成，以比特为单位。

　　它们与量子比特有何不同呢？我们所说的量子物理学无疑在某种程度上超脱了现有的理解，它认为两种不同的状态可以同时存在，或者同时不存在。这被称为量子叠加，就是所谓的"薛定谔的猫"悖论。一只假想的猫，可能活着也可能死掉，两者状态同时存在。至少奥地利-爱尔兰物理学家埃尔温·薛定谔在1935年与爱因斯坦讨论并试图说明这个问题时是这么说的。

就像可怜的小猫咪一样，电子这样的物理系统可以同时有不同的状态，或者都没有。

在这种难以理解的二元性中，我提到的未来量子计算机已经在设计中，这种计算机的功能将呈指数级提升，计算能力也将大大增强。正如巴斯光年所说："飞向宇宙，浩瀚无限。"

走向奇点

真正自相矛盾的是，如果技术诞生的目的是适应环境、改善每个人的生活和物种永续生存，那么技术大加速的问题就在于它危及人类的生存。至少是危及我们习惯的游戏规则，我指的当然不是《文明》的游戏规则。

如果技术以指数级速度发展，那么从逻辑上讲，根据数学知识，总有一天这种增长会趋于无穷大。这个技术发展完全的时间点被谷歌工程师雷·库兹韦尔命名为"技术逻辑奇点"（Technological Singularity），并预计在2045年左右出现，届时一切将不复存在。库兹韦尔认为，当奇点到来时，人工智能将超越人类智能，机器将学会在没有我们的情况下自我复制。用哲学家尼克·博斯特罗姆的话来说，将会出现"智能爆炸"。这样下去，机器会越来越智能，以此类推，永无止境。世界也会彻底改变。就像我们突然发现，故事的真正主角不是人类而是技术，我们只是链条上的一个必要环节，是主宰宇宙的全能技术的推动者。

还有人推测，一种新的"后人类"将诞生，其能力会超越人类，谁知道呢，也许还会征服其他物种。说到这里，我不得不推荐亚历克斯·加兰2014年的电影《机械姬》……如果这样的奇点出现，可能会产生由两个截然不同的阶级组成的社会，其中只有最富有的人才能获得先进技术来改善自己的身体，成为后人类，而其他人则仍处于岌岌可危的人类状态。在另一部值得推荐的科幻电影——尼尔·布洛姆坎普的《极乐空间》中（现在你知道我是个电影发烧友了吧，尤其是科幻电影），我们看到了最富有的人如何获得先进科技，从而逃离地球，前往田园诗般的人造卫星，他们留下一个充满战争、匮乏和苦难的星球，而大部分人类生活在这里。在现实中，假设的奇点出现之后会发生什么根本无法预测，尽管物理学家斯蒂芬·霍金曾警告说，人工智能的全面发展可能会危及人类的生存。当这些人工智能主宰地球（或宇宙）时，它们会想做什么？它们会怎么对待我们？它们会征服我们吗？它们是会像杀死父亲的年轻人一样消灭我们，还是会让我们独自生活在原始智慧的状态中，就像我们（通过环保项目）让棕熊生活在山里一样？

谁在引导技术进步？人们可能会觉得，技术作为人类活动的产物，是受人类控制的，但这并不那么确定。技术决定论的哲学思想认为，技术并不真正受人类控制，而是无论怎样都会按照自己的方式发展，甚至包括失控。如果任何科学或技术突破都是可能的，那么某个地方的某个人最终总会把它从设想变为现实。技术决定论者认为，所有社会变革都是由技术变革引起的。也有些人认为，技术确实在自主发展，但人类也有掌控它的可能性和责任。例如，核能或基因工程等一些现代技术就受到了政治因素的控制。还有人认为，技术并不决定社会，社会也不决定技术，而是处于某种中间状态。例如，有些技术在出现的早期受到人类驱动，随着它们的发展，会获得更多自主性。就像在互联网或智能手机发展的早期，人类有更大的操作空间，而现在，它们已成为社会和我们日常生活的核心，很难彻底改变。人工智能或机器人技术会失控吗？

这一切听起来都像是我个人的疯狂想法，其实并没有那么疯狂。事实上，有一些超人类主义者运动决心推动人类与科技的融合，以获得更长的寿命和更大的幸福。而另一方面，也有一些人担心，即将到来的后人类时代将抹去有关人类本质的所有残余：科技将终结生物学。不，我想到的不是《黑镜》的任何一集。或许我就是想到了某集，这是我脑海中的疯狂想法。我还想借此机会说，BBC这部精彩的反乌托邦剧集的每一集都应该被强制观看。

还有一些人认为，"奇点"这一概念本身就很荒谬。理由是从现在到21世纪中叶，技术不可能真正实现指数级进步。微软公司的联合创始人保罗·艾伦谈到了"复杂性制动"的观点：技术发展的复杂性不断增加，这会阻碍其向奇点的迈进。例如，复制大脑功能远远超出了人类的能力范围（人类的大脑也许根本无法实现自身复制），大脑是如此复杂的机器，我们不能完全知道它是如何工作的。还有一个原因是：尽管被称为人工智能，但它并不能与人类智能相提并论，它是另一种东西，永远无法超越人类智能。我目前暂时同意这一观点，至少在今天看来，这是一项不可能完成的任务。但我只是学校里的"教授"，不知道未来等待我们的是什么。也许未来已经没什么可发展的了，拭目以待吧。

卡林顿事件

有趣，真有趣。我都等不到明天，还想继续看下去，但当我关闭文件时，我发现教授的最新笔记标注日期是2046年7月20日15时06分（格林尼治标准时间）。这肯定不是个巧合，我稍后会告诉你原因。但现在，为了提供一些背景信息，我要告诉你一个发生在许多年前的故事，那是在1859年。

1859年8月28日，太阳发生了一次巨大的日冕物质抛射（CME），也就是我们所说的太阳耀斑，这是有史料记载以来威力最大的一次。英国业余天文学家理查·卡林顿第一个观测到了这一现象，因此这场太阳风暴后来也被称为"卡林顿事件"。9月1日，太阳释放出巨大的耀斑，向宇宙空间释放了相当于100亿颗原子弹的能量。

仅仅17小时40分钟后，抛射出来的极强磁性的粒子就到达了地球。地球磁场完全变形，这使得太阳粒子进入高层大气。在接下来的几天里，马德里、罗马、哈瓦那、智利的圣地亚哥、巴拿马和夏威夷群岛都能观测到极光现象。看到这里情况好像还不错，但并非一切都这么浪漫。

巴黎的电报机火花四溅。欧洲和美国的通信网络瘫痪了14个小时。电报线被切断或发生短路，引发了无数火灾。幸运的是，当时的文明发展并不严重依赖电力，日常生活也不依赖人造卫星或复杂的通信网络……卡林顿事件造成了当时技术的崩溃，导致了重大的经济损失和恐慌，不过也仅此而已了……

现在该休息和充电了。明天的章节是关于天气的，听起来还不错。关于太阳风暴，我会再多说一些，你也会慢慢明白，但我暂时还不想剧透。

———

虽然我们不知道
时间是什么，
但我们可以
测量它

"时间是什么？没人问我，我很清楚，一旦问起，我便茫然。"这是哲学家、主教圣奥古斯丁对时间的观点。时间，多么奇怪的东西：我们的生命就穿梭在这奇怪而难以把握的流动之中。诗人卡瓦列罗·博纳尔德写道："我们就是我们所剩的时间。"我们就是时间，但我们并不真正了解时间是什么，为什么它似乎以不同的方式流逝：有历史时间、物理时间、心理时间……在当今快节奏的社会中，时间越来越宝贵，我们拥有的时间越来越少，这在很大程度上是技术造成的。时间是一种日益减少的东西：生命并没有给我们足够的时间去做每一件事，而技术本应将我们从喧嚣中解放出来。

当我们全神贯注或对某件事感兴趣时，时间会过得飞快；而当无聊来袭时，时间就会变得漫长而难以忍受。聚会即将结束时那难以捉摸的时间与牙医候诊室里那闲散怠惰的时间是完全不同的。时间恐惧症患者害怕时间流逝，害怕生命从指缝中溜走，而他们的未来并不乐观。蜘蛛恐惧症患者可以尽量避免看到蜘蛛，眩晕症患者可以避免登高，但没有人能将自己与时间分开，因为时间始终存在。没有人对时间的奥秘了如指掌。但是，得益于不同的技术，我们可以测量时间。纵观历史，我们有多种测量时间的方式，从最早的日晷到最新的原子钟，我们还把后者送入了太空，帮助我们探索其他星球。

自然的节奏

最古老、最简单的时间测量方法与技术无关，而是与自然节奏本身有关（要测量时间，总是需要有可以在时间中重复的东西）。与人类最密切相关的周期就是生命周期：我们出生、成长、衰老、死亡……这让我们对生命时间、生活时间、生物钟以及代际时间有了初步了解。

如果你像我一样喜欢《权力的游戏》，就会知道"风暴"丹妮莉丝·坦格利安是谁。她是不焚者、挣脱锁链者、龙之母、说多斯拉其语的卡丽熙、安达尔人和洛伊纳人以及先民的女王、七国统治者、全境守护者。同样，《圣经》中也经常提及过去的世代、谁是谁的孩子、谁又是孩子的孩子、谁是谁的父亲、谁又是父亲的父亲，以此来说明时间的流逝，从而形成了庞大的家谱。耶稣的肉身父亲是约瑟，约瑟是雅各的儿子，雅各是马但的儿子，马但是以利亚撒的儿子，等等。

在离我们最近的祖先还活着的时候，曾有一段时间，天空是人们知道的最类似时钟的东西。除了自己的生命周期，如果我们仰望苍穹，时间周期是显而易见的。首先是地球的自转周期，地球面对或背对着太阳，对应产生了光明和黑暗，也就形成了白天和黑夜。因此，时间可以用天来衡量。

如果我们严格测量月亮围绕地球的公转运动，就可以得出准确的 28 天的周期。中间时期是以不同的月相体现的。从长期来看，地球公转的周期也是显而易见的，即一年四季：春、夏、秋、冬。这个周期强烈地影响着地球上的生命，它最终决定了农业的发展，现在又决定了夏季的日照时间或下一个滑雪季。当然，每个半球的情况并不相同……

在西班牙，我们欢度平安夜时，阿根廷等南半球国家的人们却在海滩上享受着明媚的阳光。地球的自转轴与太阳平面呈 23°26′ 的倾斜角，理论上是因为一个巨大的天体撞击了地球，撞击力使地球倾斜。月球就是在这种撞击的碎片中诞生的……对我来说，这是个美妙的故事。

可能这种不同对现在的你来说是显而易见的，但几个世纪前还不能像现在这样用 Instagram 来对比照片。我们现在可以得到椭圆轨道的倾角，这就是为什么夏天的白天比冬天长（反之亦然），或者为什么极地地区的夜晚可以持续 179 天。时间以及我们体验时间的方式一直以来几乎是一样的，而且任性地联系着。

从那时起，我们就一直是时间的囚徒，只不过程度越来越深，而规模越来越小。这就是为什么我们开始把一天划分成小时，并设计制造出日晷和水钟等。日晷的工作原理是白天太阳划过天空时，日晷上的指针的影子会随之移动，尽管由于上述一年中昼夜长短的变化，它的精确度有些粗糙，但它在整个罗马帝国广泛流传，在巴比伦、古代中国和印度也大量使用，一直到中世纪（甚至今天仍被用作装饰）。总之，我们始终试图划分出一天这个单位。首先分为两个时段，分别为12小时，以正午和午夜为分界点。后来，随着节奏加快和压力增大，我们又把一天规定为24小时。

Clepsidra（源自希腊语"偷水贼"）即水钟，简单来说，是一个定时滴水的容器，通过滴水，时间可以用两种方式来测量：当一边容器里的水被清空或另一边的容器被水填满时（因此，一个容器从另一个容器里"偷"水，所以有了这个美丽的词"clepsidra"，很适合诗意的发挥）。生活在公元前1世纪的维特鲁威的一些著作已经描述过复杂的水钟，在古代中国、埃及、巴比伦和印度也有类似的发现。由于水流动的速度取决于水的黏度，而水的黏度取决于水的温度，因此水钟装满或倒空所需的时间也取决于液体所处的温度。按照现在的标准，水钟并不是测量时间的最好方法，因为在非常炎热或非常寒冷的日子里，清空或装满的时间会有很大不同（除非每天都校准）。但在当时，这种方法似乎已经够用：如今守时非常重要（在西班牙就不那么重要了，何必自欺欺人），而在过去，一切事情都以比较宽松的方式进行。如果赴约，误差可以在半小时或一小时之间，一切都以更模糊、更粗略的方式进行，生活节奏更缓慢、更平静（也许更快乐）。此外，由于当时的钟表并不精确，只有估计值，因此也无法要求准时。今天，许多人似乎仍然在遵循水钟规则，因为根本无法做到准时。随着年龄的增长，出于礼貌，也出于对他人的尊重，我尽量做到守时，我更愿意做那个等待的人。但守时并不算我的优点，我不想欺骗你们。经过我的研究，虽然也可能会更糟，但我觉得用交通问题以外的借口会更浪漫些，比如你知道的，水钟不太准。不要太担心迟到，因为这可能会开启一场有趣的对话。

抛开五花八门的借口和天空测量法，人们对时间的测量从未停止。在短期内还有很长的路要走。还有一种有趣的钟表，即使我们不再使用，也一定不会陌生。这种钟表在古董店或装饰品店出售，过去很长一段时间里被用作计时器。在某些棋盘游戏中，它有专属的图标，也几乎是表示时间的通用符号。这就是沙漏，从中世纪的玻璃吹制衍生而来。第一个有记载的沙漏由法兰克修道士柳特普兰制作，用在公元8世纪的沙特尔大教堂。沙漏用在家庭或教会场景下，主要用来测量较小的时间段（如烹饪时间），但在航海场景下的作用更大，因为船在海上移动，这时水钟或日晷就派不上用场了。这种计时器由玻璃制成，颈部很窄，类似于瓶颈，在重力的作用下，一定量的沙子会从容器的上部逐渐漏到下部（这一概念与水钟相似，只是用沙子代替了水）。根据沙子的多少，可以制造出标示不同时间间隔的时钟。当沙子漏完，时间到了，再一举将沙漏翻转过来，重新开始计时。这种美丽但略显原始的技术后来被机械钟取代，机械钟带来了技术的变革，也改变了世界。

精确时间
的到来

17世纪，欧洲的机械钟不再那么不精确，不再依赖太阳或水，也不再需要随时维护。时钟会定时规律地摆动：对机械钟来说，这种摆动是发条弹簧引起的。有高超技术和智慧的钟表匠制作的钟摆通过复杂的齿轮装置来运转（事实上，要说技术的话，机械钟的运转可以说是精确性和技术的终极体现）。来看看机械钟的工作原理，有三个要素：首先是马达（通常叫发条），我们上发条就是在给马达积蓄能量。其次是马达将能量传递给所谓的运转齿轮，齿轮上不同大小的齿轮又将能量分解成不同周期的不同运动，从而带动指针移动，以确定小时、分和秒。最后是一个像钟摆一样的摆动元件，用于控制多余能量，减缓和抑制指针的连续运动，我们熟悉的钟摆的嘀嗒声就由此而来。

钟表出现在城镇钟楼或其他公共场所（钟表体积庞大，价格昂贵，只有市政府或富裕阶层才能买得起），意味着人们的生活和经济发生了深刻的变化。我们现在仍然可以在某些城市的显要位置看到时钟，例如马德里的太阳门钟，它掌管着我们每年跨年夜吃葡萄的时间节奏。还有英国伦敦著名的大本钟，它是这座城市和这个国家的象征。随着钟楼上的钟声响起，人们开始规律地起床、上班、下班、做弥撒。在寂静的乡村，钟声可以传到数千米之外，这是起床、上班、下班和做弥撒的信号，意味着一天当中重要时刻的来临。总的来说，时间的测量使人类生活受到更严格计划的支配，他们不再日出而作、日落而息，不再只有饿了才吃饭。生活开始依赖钟表，而不是自然节奏。这就是为什么如今即使在深冬，天还没亮，我们就去上班、上学了。对喜欢昼伏夜出的人（有机会再详述）来说，几个世纪过去了，掌控着大多数人日常活动节奏的钟表对我们来说仍然是敌人。

说到时间和出门工作，工业革命极大地改变了我们测量时间和与时间相处的方式。现在的时间节奏不再与乡村有太多联系，而是与工厂和企业的工业生产息息相关：买卖工厂生产的产品。来到城市的工人过着非常艰苦的生活，他们工作时间很长，工资很低，挤在条件堪忧的住房里。工业上的节奏是每周休息一天，即星期天，而这在农村行不通，因为动物和庄稼可不懂公共假期。对系统有效性来说，小时这个时间单位太大了，必须将小时数细分为分钟和秒，以便更好地组织工厂生产、商务旅行、交通运输、公司会议等，而这些在乡村都是无关紧要的。最早的机械钟只有时针，但后来出现了分针和秒针。钟表变得越精细，帝国就越稳固。

对我们这些晚睡的人（现在是凌晨2点32分，我正在修改本章）来说，也并不是所有事情都变得不方便了。足够精确的机械钟的一大优势是可以计算地球的经度。地球上任何一点的纬度都可以通过确定太阳的位置计算出来（例如，越往北，纬度越高，太阳高度越低），而经度却无法仅仅通过天文观测得知。因此，例如航行在大西洋上的船员知道自己所处的纬度（在北边或南边多远），却不知道所处的经度（在东边或西边多远），因为缺少一个坐标，该如何计算出来呢？找一个足够精确的、不会延迟的时钟，对比船上的当地时间与出发港口的当地时间。因此，在正午时分，当太阳正好位于甲板上方的最高点时，经度就被定义为与时钟显示时间的差值，这个时钟可以毫不延迟地、尽可能准确地标出出发地（例如里斯本）的时间。17世纪中叶，英国钟表匠约翰·哈里森制造了一系列高精度机械钟，把这个想法变成了现实。从那以后，我们不仅能计算纬度，还能计算经度，这对航海来说是巨大的进步，这个简单而精确的计算的重要性是不可估量的。

18世纪中叶，由于微型化的发展，怀表这种昂贵的计时工具出现了，富有的资产阶级将其用小链子挂在马甲上，作为与众不同的象征。在儒勒·凡尔纳的《八十天环游地球》中，像菲莱亚斯·福格一样的旅行者在这种装置中找到了旅行的忠实盟友（时间是这部小说以及受其启发而创作的所有电影和系列剧的主角之一）。1983年，BRB国际公司在西班牙制作了著名的系列动画片，其中的角色蒂科（与凡尔纳的原著毫无关系，但非常可爱，说话带着安达卢西亚口音）就有一个日晷。我算是婴儿潮一代，所以知道这些，1983年的我才11岁。

让我们跟上时间不可阻挡的脚步。奢侈品牌还在继续生产机械表，比如著名的劳力士。随着电子表的出现，机械表成了与众不同和优雅的标志。钟表也开始出现在人们手腕上：1812年，应那不勒斯女王奥地利的玛丽亚·卡罗琳娜的要求，第一块腕表诞生了。它设计奢华，镶嵌在黄金和宝石的表链上。在很长一段时间里，腕表都是女式手表，因为男士都是按照上述方式将其佩戴在口袋里，直到第一次世界大战期间，腕表才开始用于航空和军事。1904年，巴西著名飞行家桑托斯·杜蒙请法国著名珠宝商路易·卡地亚为其制作一款腕表，方便他在飞行途中查阅资料，于是卡地亚成功制作出一款经典的飞行员腕表，至今仍在市场上销售。

但在此之前，大约在1884年，华盛顿特区签署了一项国际协议，将格林尼治本初子午线确定为地球经度的起点，并将地球划分为不同的时区。创建国际通用时间非常重要：在此之前，每个城市和每个民族的时间都是自己规定的。因此，马德里和巴伦西亚、纽约和华盛顿的正午12点（太阳在当地天顶的最高点）是不同的。但是，当铁路能够保证城市间的正常交通运输时，时间就必须以我们今天所知的方式统一起来。在此之前，时间几乎是由我们的生活方式决定的。而随着陆路交通的兴起，时间不再取决于我们身在何处。有很多人惊讶地发现，他们的生命随着在地球上的移动而减少或增加了几个小时。从那时起，随着时区和长途航空旅行的出现，令人讨厌的时差也出现了。

电子技术

1970年，石英表问世了。在手机出现之前，我们这代人经常佩戴这种手表。它的工艺非常复杂，得益于20世纪非常先进的物理技术的发展，石英手表中的振荡是石英本身的分子晶体结构在电流的刺激下产生的。石英位于手表内部，在一个小的金属圆筒内，振荡电场由一个电路产生，电路由一个小电池供电，也就是手表中需要经常更换的电池。那时，这些钟表开始大规模生产，它们非常精确、非常轻便、非常便宜。它们几乎不需要任何维护，于是在市场上大获成功。

石英手表的成功延续到了下一次升级——电子手表——出现之前，电子手表不再需要机械装置或石英，只需要电路，并逐渐用LED显示屏取代了带指针的老式圆形表盘。这种手表发明于20世纪中期的美国，但直到20世纪80年代才开始流行起来，讽刺的是，这要归功于日本品牌卡西欧。由于生产成本低廉，这种手表几乎成了标志性产品，就像今天的智能手机一样。在西班牙，所有10岁的孩子都有一块。电子表更加精确，但它肯定失去了用圆圈表示时间（现在、过去和未来）的魅力：看着圆形表盘，我们可以直观地想象离下课或约会开始还有多长时间，它还让我们了解到时间的循环性，了解到时间一天又一天地重复，没有尽头。我们还在学校里学习如何在这种表上读取时间。随着电子表的出现，计算十分之一秒和百分之一秒变得非常简单，这在科学和工程领域都非常有用。十年之后，像石英表上的时间一样，电子表的制造逐渐停止。

如果没有这种技术，奥运会将会怎样？电子表诞生之初是单独的设备，可以挂在墙上，也可以戴在手腕上（比如著名的卡西欧手表，现在又流行起来了），或者变成床头柜上带着红色发光字母的闹钟，有些闹钟用无线电设备叫人起床。还有的腕表带有计算器、小的数字键盘、日程本或秒表。还有的甚至有电子游戏，比如赛车游戏或平台游戏，这些都是同学社交中的"重磅炸弹"，让人羡慕不已。迈克尔·奈特可以通过手表呼叫神奇的汽车"基特"（Kit），但那只是小说中的情节。

我不知道现在十几岁的孩子里有多少能通过观察圆表盘手表的指针来看时间，不过这也是技术进步的必然结果……现在甚至很少有人戴手表来看时间了。越来越多的人开始戴全新的智能手表，它能告诉你每天的卡路里消耗量、是否应该锻炼或睡眠分配情况。还有很多人甚至不戴手表了。如今，和其他事物一样，电子表也出现在智能手机屏幕上：手表正在消失，查看时间的手势不再是看手腕，而是在手提包或裤兜里找手机："等一下，我马上告诉你。"

尽管钟表已逐渐从生活中消失，但它们仍然十分重要。现存最先进的时钟是20世纪发明的原子钟，它以量子物理学为基础：其中的铯-133原子每秒振荡约9 192 631 770次。1955年，路易斯·埃森在英国国家物理实验室制造了这台原子钟。换句话说，原子钟里振动的就是原子本身：利用原子振动来测量时间是一个大胆的想法，它基于自然界最基本的现象之一。它需要用激光将原子减速，使其几乎冷却到绝对零度，然后探测原子，获取它们在两个能级之间产生的振动。这很难想象，但在微小的原子世界中却可以实现。原子钟被用于全球定位系统网络、射电天文学和移动电话网络等技术中。

原子钟还适用于太空：2019年，美国国家航空航天局将地球原子钟的太空版——深空原子钟——送入轨道，用的是汞离子，体积更小，所需能量更少。它用于确定深空或前往火星的航天器的位置（时钟再次帮人类定位航天器，就像解决地球经度问题时那样）。原子钟可以用来测量物体之间的距离：只需知道信号从一点到另一点需要的时间即可（这就是它在全球定位系统网络中的工作原理）。

如果说古老的机械钟可以精确地显示每一秒，那么原子钟测量时间的精度则达到了万亿分之一秒，精确到每3亿年才误差一秒。现在，"秒"的定义如下：一秒是铯原子133同位素在绝对零度下，基态的两个超精细水平之间跃迁时发出的辐射的 9 192 631 770 次振荡的持续时间。我并不是特别理解这些，我只知道在我的一生中，时间并不会延迟一秒。而原子钟就是精度的极限吗？显然不是，技术必须始终追求尽可能高的完美度。人类之所以为人类，就在于我们总是能超越严格意义上的必要的极限。

因此，尽管很难想象还有比原子钟更先进的时钟，但我们仍在不断进步，比如制造出集成电路大小的原子钟。从最早的日晷和最早的水钟开始，我们已经走过了漫长的道路。因此在某种程度上，可以说我们已经驯服了时间，至少在时间的测量方面是这样。

但不管对秒的测量有多精确，我们仍然不知道时间到底是什么，为什么过得这么快。有时，我们需要花上一辈子的时间来决定如何明智地度过每一秒钟。

其他的太阳风暴，我们准备好了吗？

2046年7月20日　下午3时21分

（格林尼治标准时间）

第二章已经完成，我不得不告诉你卡林顿事件之后的其他太阳风暴……

1989年3月，一场强度远小于1859年那场的太阳风暴导致加拿大魁北克水力发电厂停产9个多小时，由此造成的收入损失预估达数亿美元，600万人被困在黑暗之中。它还损坏了远在新泽西州的变压器，几乎摧毁了从东海岸到太平洋西北部的美国电网。

1994年，另一场太阳风暴导致两颗通信卫星出错，影响了加拿大的报业、电视网络和无线电服务，又是加拿大。移动服务、电视信号、全球定位系统和电网等系统停止工作。2012年7月23日，一次与卡林顿事件非常相似的日冕物质抛射穿过地球轨道，仅仅在地球经过该点9天之后。地球和全体人类再次侥幸躲过一场巨大灾难。

Chapter 3

工业革命是
如何改变世界的
（并不仅仅是技术）

蒸汽和织布机：
第一次工业革命

烟雾、烟囱、工厂、火车、机器的噪声、劳动的人群，这就是工业革命带给人们的印象。据说，工业革命是人类历史上最重要的时刻，也许仅次于新石器时代革命，当时人类发展了农业，告别了游牧，在固定的地方定居下来。自工业革命以来，世界已经变得完全不同，技术取得了巨大进步，人们对科学理性充满信心，各方面都在加速发展，我们赖以生存的地球却遭到了越来越严重的破坏。历次工业革命让我们清楚地认识到，技术及其进步与我们周围的世界紧密交织在一起。技术不仅帮我们完成事情，而且改变了生活的方方面面。

工业革命起源于1760年左右的英国，尽管工业革命主要是技术革命，但它对生活和社会的各个领域都产生了重大影响。在经济学家和社会学家杰里米·里夫金看来，每一次工业革命都以产生一种新型能源、通信和运输方式为特征。在第一次工业革命中，启动能源是煤炭，欧洲各地（英国、德国鲁尔河谷和西班牙阿斯图里亚斯）都开始开采煤矿，由此催生了浓厚的采矿文化，但这种文化多年前就已经结束。随着第一批火力发电站大量燃烧煤炭，二氧化碳开始排放，这是造成温室效应和气候变化的主要原因。在此之前，二氧化碳的平均浓度约为280ppm，过去80万年来一直如此。从1750年到2020年，这一浓度增加了42%……

就像大众传媒促进了世界各地的交流一样，铁路在轨道最终铺满了整个欧洲和北美大陆之后，也改变了运输和物流的规则。

正如我们从学校里学到的那样，这场革命起源于蒸汽机。这不是巧合，蒸汽机早已存在，但变得更加高效、强大且有利可图。就像我在第一章中提到的，为了纪念詹姆斯·瓦特，我们把功率单位命名为"瓦特"。在瓦特发明的蒸汽机之前，还有其他样式的蒸汽机，如纽科曼的蒸汽机，它可以排空煤矿中的水，防止煤矿被淹没，从而提高了珍贵矿产的开采量，到达了以前因其位置被淹没而无法到达的燃料层。在这样的良性循环中，开采出来的煤将用来加热水并获得蒸汽。

但什么是蒸汽机呢？它是一种将水的热能转化为机械能的发动机。换句话说，沸腾的水在封闭的锅炉中产生蒸汽，蒸汽产生的压力驱动气缸中的活塞，而活塞又通过其他机械装置带动机车、纺纱机或织布机的车轮，发电机的转子或轮船（比如密西西比河上航行的蒸汽船）的发动机。我仍然很难相信像蒸汽这样虚无缥缈的东西可以有如此强大的动力，但是，正如气体物理定律完美解释的那样，它确实可以。蒸汽机成功地推动了世界的发展，增加了产量和财富（尽管分配方式并不是最公平的）。18世纪之前，制造业都是在使用简单工具的小作坊里开展的，生产者以手工方式控制自己的节奏，自行其是，但在这之后，新的工业生产需要宽敞的大型工厂、大型机器、大量投资和更强的工作组织。更为自主的工匠让位于听从工程师和雇主命令的工人。

工业革命的早期产品主要是纺织品，服装在当时是少数几种有大规模需求的产品。生产服装的棉花从美洲殖民地、印度或埃及运来，由奴工采摘。不过美洲即将不再是殖民地，因为大约在同一时期，美国爆发了独立战争。第一台著名的机器是1764年由詹姆斯·哈格里夫斯在英国兰开夏郡发明的"珍妮纺纱机"，兰开夏郡由此出现了专门生产灯芯绒等厚织物的强大的工业产业。珍妮纺纱机已成为那个时代的象征，它极为重要，因为它大大缩短了生产纱线所需的时间。有趣的是，如今时尚产业是最强大的产业之一（同时也是污染和剥削最严重的产业），看看西班牙公司Inditex（其老板阿曼西奥·奥特加的财富在世界范围内首屈一指）在国家经济上的地位就知道了。

人力和畜力开始被重型机械所取代，我们至今仍处在这一进程中。第一批机器遭遇了一场反对运动：卢德派（以奈德·卢德的名字命名，他是莱斯特郡的一名工人，据说在1779年毁坏了几台织布机）看到自己的工作被抢走时，便摧毁了机器。浓烟滚滚的铁路成了进步的象征，引起了人们的惊讶甚至恐慌。有人认为，第一批火车的巨大车速是人体无法承受的，就像汽车速度超过50千米/小时一样。现在有了高速列车，我们在餐车里喝着咖啡，看着窗外呼啸而过的世界，旅行是如此安静。在那个时候，火车一开始是在采矿环境中使用的，大概率是用来运送煤炭（西班牙的第一条铁路线是在阿斯图里亚斯的阿尔诺煤矿修建的），但最终火车被用于其他目的。除上述线路外，西班牙最早的三条线路分别位于马德里和阿兰胡埃斯之间、巴塞罗那和马塔罗之间以及兰雷奥和希洪之间（确切地说，是将煤炭从矿区运往沿海港口的铁路线），这些线路都是在伊莎贝尔二世统治时期开通的。

工业革命还催生了新的社会阶层。一方面是工业资产阶级，他们是工厂的所有者，也是纺织、采矿和冶金等行业大部分利润的获得者。这些人拥有建造工厂、购买原材料和机器以及雇佣工人的资本。从封建主义到资本主义（资本积累使生产投资成为可能），资产阶级通过各种革命，从传统贵族和君主手中夺得了更大政治影响力。亚当·斯密的思想在当时传播开来，经济自由主义成为没有国家或工会干预的自由企业制度的催化剂。另一方面，成千上万离开农村到城市工厂工作的穷人构成了无产阶级。他们的工作条件非常艰苦：工作时间长达12或14小时，工资低，还有非法使用童工现象，工人居住在拥挤不堪的工薪阶层社区。这样做的目的是让工人维持生计，使他们仅能维持生存并继续生产工作。于是，矛盾越发尖锐，抗议运动变得合情合理。工人运动力求改善工人的生活条件，并受到了马克思和巴枯宁等人的思想的推动，这些思想也一直在改变着社会，直到今天。

第一次工业革命带来的其他重大影响包括人口增长、前文提到的从农村向城市的大规模迁移、大英帝国实力的稳固以及消费社会的开始，因为当时生产了很多所有人都买得起的商品。总之，我们至今仍处在这一进程中。这不会是我们遇到的最后一次工业革命。

电力与流水线：
第二次工业革命

第二次工业革命的起源可以追溯到电力和大规模生产的发展，以及其他方面的进步。

按照里夫金的说法，这次工业革命的启动能源是天然气、石油（为内燃机和汽车提供燃料）和前面提到的电力（为工厂机器提供动力）。电话和无线电彻底改变了通信方式，飞机和汽车彻底改变了交通方式。这一切还是关于能源、交通和通信。钢铁工业取代了以往的纺织工业，占据了主导地位，新材料——钢铁（使用贝塞麦转炉炼钢法）、铝、锌、镍和铜——的使用也变得十分重要。这些材料开始用于建造越来越高的桥梁和建筑。纽约和芝加哥等城市的第一批摩天大楼就凭借着这些钢铁原料和出资人的雄心壮志而建立了起来。1931年，美国汽车工业先驱沃尔特·P.克莱斯勒建造的克莱勒大厦以77层、319米的高度，连续11个月蝉联世界第一高楼的桂冠，直到380米高的帝国大厦将其超越，该大厦由约翰·J.拉斯科布和皮埃尔·S.杜邦建造，后者是通用汽车公司的首任总裁，也与汽车产业息息相关。直到40年后的1971年，世贸中心北塔竣工前，帝国大厦一直是最高的建筑。

当然，这不是巧合，这座世界上最高的摩天大楼的规划者是皮埃尔·杜邦，他是当时独占鳌头的公司的董事长，生产了聚酰亚胺、氯丁橡胶、尼龙、莱卡、有机玻璃、特氟龙、凯芙拉合成纤维、诺梅克斯、泰维克、胜特龙和可丽耐等知名日用材料。他的公司是全球数一数二的化工跨国公司。第二次世界大战期间，杜邦公司与福特公司一起为美国参战做出了重要贡献，甚至参与了曼哈顿计划，我稍后会向大家介绍。化学工业在化肥、炸药、香水和药品方面也取得了重大突破。这些变化也远远超出了技术范畴。

物理学领域也出现了很多新技术。许多与电力有关的发明家和科学家都参与了这场革命的开端。例如尼古拉·特斯拉，他出生于今天的克罗地亚，近年来，他以有趣的人物形象重回大众视野，几乎成了反文化的偶像，企业家、战略家、亿万富翁埃隆·马斯克的公司就是以他的姓氏命名的。另一个绕不开的名字是杰出发明家托马斯·爱迪生。他的一千多项发明为技术进步和日常生活的改善做出了决定性的贡献。1881年，爱迪生在巴黎世界博览会上展示了灯泡，那是一种玻璃灯泡，用真空将一根白炽碳丝封闭其中（尽管早期出现过雏形，但这是第一个实用的灯泡，能持续使用40小时），爱迪生打算把它推广到世界各地。人类迎来电力照明的世界：发电站很快遍布美国，然后是全世界，为千家万户供电。在此之前，每家每户天黑后使用蜡烛照明，除此之外还有石蜡。石蜡由石油蒸馏而来，可以用作喷气式飞机的燃料，也可以用来制造杀虫剂。爱迪生和他倡导的直流电给市场的供应和需求都带来了极大的不便，这种潜在的缺陷需要及时弥补，来应对当时的状况。

为了解决这些问题，西屋电气公司聘请了性格古怪、身材瘦高的特斯拉。特斯拉带着愤怒和他被低估的能力离开了爱迪生的公司，于是所谓的"电流之战"开始了。在电的传输方式上，爱迪生支持直流电，而特斯拉支持交流电。这关系到高达数百万美元的利益。特斯拉开发了新的输电方式：交流电，虽然更加"危险"，但也有相当大的优势。让我从头开始介绍：直流电是指在不同电位两点之间的导体中直接流动的电流，就像水从壶中倒入玻璃杯中一样。这种电流的问题在于，大量能量会在长距离运输中因散热而损失，这样一来，在能量从发电站传输到使用地点的过程中，电气公司能赚的并不多。因此，特斯拉设计出了交流电：导体两端的电压会发生变化，这样电流就会像波浪一样周期性地改变方向和大小，一秒钟就会改变几次。此后的交流电大大减少了损耗，其电压也很容易用变压器调整（高电压适用于能量无损耗传输，低电压适用于日常用电），从而解决了能量传输过程中的损耗问题。能量传输到家庭或工厂后，会为不同的电器供电，比如电灯或冰箱。而当时的食品工业正在兴起，人们开始大规模生产食品。不知不觉，交流电已经在公路旅行中随处可见，成为跨区域高压电塔的组成部分，如今仍用于输送电力。在这场技术大战中，爱迪生甚至设计出了电椅，为了证明交流电的危险性，他还组织了大规模活动，当着公众的面杀死大象和其他动物。但是，特斯拉击败了爱迪生，将他的发明送给了全人类（据说特斯拉实际上因贫困而死，尽管仍存在争议），而爱迪生则因善于管理众多专利而成为百万富翁。交流电（AC）和直流电（DC）的首字母缩写，如今常见于笔记本电脑或电视机使用的变压器中。1973年在澳大利亚被苏格兰兄弟马尔科姆·杨和安格斯·杨用来命名他们的摇滚乐队。因此，AC/DC乐队应运而生。

除了电力之外，在通信领域，19世纪初塞缪尔·

莫尔斯发明了电报，通过长长的陆地及海底电缆将整个地球连接起来。19世纪下半叶，长距离通信的其他形式出现了：亚历山大·格雷厄姆·贝尔和安东尼奥·梅乌奇发明的电话，以及伽利尔摩·马可尼和前文提到的特斯拉发明的无线电。这是一个人们为发明获得知识界认可而艰苦奋斗的时代，前文提到的每个发明者都是如此。

工程师弗雷德里克·泰勒（泰勒主义）提出了一种新的工业理念，即大规模生产。他意识到，工人以合理和科学的方式组织批量生产可以更有效率、更有利可图。同样，美国传奇汽车企业家亨利·福特（同名汽车品牌创始人，该品牌目前仍在运营）将大规模生产机械化，开创了所谓的福特主义。在此之前，每件产品都是单独生产的，而此后，每件产品都是通过几个固定步骤成批生产的，每个工人只完成一项重复性工作，著名的福特T型车就是这样生产出来的，它是第一辆大规模生产且工人买得起的汽车。福特认为，美妙之处在于工人自己可以消费他们制造的产品。福特关于大规模生产线的想法是受到了芝加哥屠宰场的启发，在那里，猪被放在传送带上运送，每头猪都被屠夫分割成固定的几块，同样是重复性的工作。这个方法被推广到了各种工厂：以这种方式组织工作，速度更快，成本更低。事实证明，这是提高产量和利润的好方法，尽管不是每个工人的经历都令人鼓舞，但如果不承认亨利·福特在1914年采取了广受工人称赞的开创性举措，那就有失公允了：他确保每个工人每天的工资都不低于5美元，轮班时间只有8小时，并为他们提供18天带薪假期和病假，这种做法在当时并不常见，尤其是对工人而言。这段历史具有里程碑式的重大意义。

与大规模生产同期，查理·卓别林在1936年的电影《摩登时代》中讽刺了这种冷酷的工作方式，以及人沦为机器齿轮的现象。

与此同时，大公司和现代银行业也初具规模。机械化和电气化公司的融资成本增加，因此，除了家族或公司资本外，股东人数也必须增加，这样，能在证券交易所上市的公共有限公司得以诞生。银行在为这种商业模式提供资金方面发挥了重要作用：这就是金融资本主义的起源。第二次工业革命是在第一次全球化的背景下发生的，第一次全球化先于当前的全球化，当时国际贸易、资本流动和大规模移民都在增加。帝国主义是将野蛮世界文明化的好方法，也是获得丰富原材料和新产品市场的好方法：19世纪末，在柏林会议上，欧洲国家像玩棋盘游戏一样瓜分了非洲领土。在这个时期，现代且独特的巴黎成了世界文化的中心，那是现代主义和新艺术主义的时代。卢米埃兄弟创造了电影摄像机，可以高速传输图像，产生运动的感觉。卢米埃兄弟的第一部电影，恰如其分地以驶来的火车为主题,引起了第一批观众的恐慌,加快了工人们离开工厂的步伐。

电子和通信: 第三次工业革命

第二次世界大战后的20世纪中叶,第三次工业革命(又称科技革命)开始了,由美国、日本和欧洲国家主导,这是一场有关计算机、初步电子技术和自动化的革命。

工业生产过程越来越多地使用计算机技术,生产也出现了去本地化的趋势。工厂不再设在西方这些传统工业国家,而是迁往劳动力成本较低、环境监管较松的亚洲国家。20世纪末,全球化正式到来,在这个相互联系的世界里,资本和产品自由流动,但正如我们每天看到的那样,人却不那么自由。经济在日益全球化,信息社会化引起了社会和文化的变革,地球村也应运而生,整个地球紧密相连。这一最新历史进程带来的挑战之一是社会内部和国家之间出现了严重的不平等。

根据杰里米·里夫金对这场革命进行广泛研究后的观点,其特征能源是可再生能源(风能、太阳能等);其通信手段是互联网和其他信息通信技术,它们正在成为组织和管理的手段;其运输手段,正如我们目前看到的，将是电动汽车或混合动力汽车。里夫金认为，第三次革命的要素包括可再生能源建筑、大型电池、智能电网以及作为能源储存的氢气生产的普及。

第三次工业革命始于第一批计算机，这些庞大而运算能力有限的设备（比今天的任何智能手机运算能力小数千倍）是由继电器或真空阀制造的。例如，宾夕法尼亚大学开发的"埃尼阿克"（电子数值积分器和计算机）于1946年由美国陆军引进，它有整个房间那么大，通过18 000个真空阀门进行弹道计算（计算发射物体的运行轨迹）。它需要插拔大量电线来精心配置，而且很容易出错。随后，晶体管、编程语言、集成电路（电路被印刷在半导体板上，避免了连接数千个元件的困难）和微型芯片的发明推动了计算机的发展，计算机这种新颖的机器不再是为了解决某个问题，而是为了解决任何可编程的问题而运作。欧盟或将率先开发出一个全球网络——由越来越小、越来越强大、越来越便宜的计算机组成，在所有人都能接触到的范围内，并最终连接成一个全球网络。

1977年是重要的一年。在这一年，年轻的史蒂夫·乔布斯和史蒂夫·沃兹尼亚克开发出了Apple II个人电脑，首次将计算机从军队、科学界和大公司的专业领域中解放出来，将其交到普通人的手中，IBM公司接着也推出了个人电脑。计算机开始进入小型企业，甚至有些购买力强的人在家里也配置了计算机，视频游戏等娱乐项目也开始出现。这些技术首先在加利福尼亚的硅谷得到了推广，在这里，20世纪60年代的嬉皮士反主流文化与创业精神、进步精神和竞争精神交织在一起，孕育出了许多大型科技公司。科技公司很快在全球扩张，谷歌、脸书、亚马逊和苹果等公司最终在世界舞台上占据了主导地位。

进入20世纪90年代，在阿帕网等前身网络的基础上，互联网建立了起来，日内瓦核研究中心的计算机科学家蒂姆·伯纳斯-李开发的万维网协议也得到了发展。就像特斯拉曾经做过的那样，蒂姆再一次造福了全人类。第一批网络浏览器（如马赛克或网景导航者）和第一批搜索引擎（如雅虎、远景、莱科思）开始出现，计算机网络开始在工作场所和家庭中使用，直到它成为构成我们日常现实的数字支柱。通过技术，世界又一次发生了翻天覆地的变化。

几年后，移动电话在通信方面实现了巨大的飞跃：我们不再依赖固定电话通信，可以通过口袋里的设备随时与他人联系，尽管这个设备最初还非常笨重。

真正的质的飞跃出现在手机变得更轻更智能（也许比我们更智能）的时候。随着智能手机的出现，我们能随时随地访问互联网，互联网也能不断地"访问"我们，这样，我们就成了全球数据挖掘网络中的一个节点。有些人认为，如社会学家肖莎娜·祖博夫所言，我们进入了"监控资本主义"的新阶段。

人工智能和大数据：
第四次工业革命

21世纪的第二个十年起，一些人已经在谈第四次工业革命。冒着滥用"革命"一词和陷入现世主义的风险，达沃斯经济论坛创始人克劳斯·施瓦布认为我们生活的时代特别重要（通常是因为我们身处这个时代）。施瓦布认为，在这一过程中，过去的生产系统将被淘汰。虚拟和实体的交流已经相互协同，第四次工业革命不仅会改变我们的工作内容和方式，还会改变我们自己。

这就是我们目前所处的时代，其基础是将人工智能、物联网、虚拟现实、3D打印或大数据等最新技术应用于工业，形成所谓的工业4.0。但并不仅限于此，基因测序、机器人、量子计算或纳米技术等其他概念也影响着或将影响我们的未来。从这个意义上说，"聚合技术"一词经常被用来归纳四个学科：纳米技术、生物技术、认知工业和信息技术，也被称为NBIC技术。所有这些原本单独运作的趋势结合在一起，无论好坏，都可能产生典型科幻电影的效果。人类的思维会越来越了解自己，也越来越愿意与技术互动。

工业已经与互联网紧密相连：传感器产生了无穷无尽的数据，使所有生产流程都能得到监控和优化。通过数字化进程，工厂正在变得"智能化"。机器可以自主预测故障并启动维护流程，物流可以在生产发生意外变化时自行适应。换句话说，如果说第三次工业革命的进步是人类操作机器进行生产，那么这些机器的变化则不尽相同。新时代的特征是，这些机器现在几乎可以在很大程度上独立运行，而且可能比在人的监督下运行得更好。工业4.0再次提高了流程的生产力、效率和质量，对剩余的工人来说也更加安全，因为他们不必在不安全的环境中工作，还可以根据消费者的喜好生产定制产品。例如，我们可以像选择比萨配料一样，选择我们想要的运动鞋，而这些鞋子将在创纪录的时间内专门为我们生产出来。

最新技术发展的弊端包括实施速度太快，似乎让我们置身事外；更容易受到网络犯罪和任何突发事件（如网络中断或停电）的影响。我们如此依赖技术，这种依赖使我们变得更加脆弱。但是，即将出现的另一个大问题是：工业及其他生产和生活领域的自动化程度不断提高，可能导致越来越多的人失业，而机器却在为它们的主人工作，从而产生巨大的贫富差距和不平等。大部分人口将继续失业。该系统无法解决自身内部存在的问题。

有些人认为，这是很可能发生的，人们需要基本收入来维持生计，所以开始个体经营，而不是做一般意义上的工作。这样便形成了一个没有工作的"后工作世界"。还有人认为，这种可能性不大，毕竟每一次工业革命都会因为自动化而出现失业问题（还记得破坏机器的卢德分子吗），但每次都会恢复平衡。有观点认为，新技术将需要新的、高技能的专业人员来控制和维护智能机器，但很难相信会需要同样多的蓝领工人：那样的话，自动化的优势何在？诚然，在所有的工业革命中，人类都被取代了，但对许多人来说，人工智能是条不归路，这项技术太强大了，它试图与人类智能相媲美，而且之前的任何技术都无法与之相提并论。

因此，我们需要一种新的经济体系，有人称之为"后资本主义"，它能让地球上的每个人过上有尊严的生活，这种体系以人类福祉为中心，而不是盲目的经济增长，同时使地球适合人类居住，或者不管以后人类变成什么样子。

黑天危机即将来临

2046年7月20日　下午4时06分

（格林尼治标准时间）

真有趣，特别是在最后，他说人工智能试图与人类智能相提并论，而之前的任何智能都无法与人类智能相提并论。这显然是无法比较的。事实上，在这一点上，我们必须定义我们所说的智能到底是什么……但在阅读完教授的笔记后，我要继续我在2046年北半球夏天的特殊旅程……

7月20日到了，距人类踏上月球的第一步已经整整77年了。从这一刻起，你会开始理解我在前几章告诉你的一切。第一声警报响起30分钟后，超级风暴的第一道宇宙射线侵蚀了所有卫星的太阳能电池板。我们所有的通信即刻切断。同样非常脆弱的全球电网也在2小时后停止工作。大型变压器与地面连接，因此很容易受到地磁扰动引起的持续电流的破坏。少数变压器避免了磁芯的破坏，但绝大多数发电厂和变电站确实停止了工作。

不需要太多想象力就能猜到接下来会发生什么。黑天危机由此开始。没有电力，没有电信，全球金融市场和银行业都崩溃了。我们已经有5年没有使用纸币或现金进行过任何商业交易了。全人类的金钱和储蓄在短短几个小时内消失殆尽。随之而来的是人们买不到任何东西。超市被洗劫一空，人人自危，直到库存消耗殆尽。大城市一片混乱。

———

Chapter 4

橡皮鸭和特百惠
家用塑料容器:
塑料如何控制生活

曾经一段时间，海洋上到处都是橡皮鸭。那是1992年的冬天，一艘满载橡皮鸭的货轮沉没在了浩瀚太平洋的大风暴中。船上的货柜被甩进了大海，里面有近3万只塑料动物。各种颜色的海狸、青蛙和海龟，这些专为孩子（还有一些成年人）在浴缸里玩耍而设计的动物，开始了一场没有计划的旅行。它们将被带到地球最遥远的海岸。将塑料倾倒入海是一种野蛮的行为，不要因为这些塑料是可爱的小鸭子就另当别论，我们可不要自欺欺人。

有趣的是，记者多诺万·霍恩在世界各地寻找并收集这些小鸭子。他从阿拉斯加到苏格兰，从夏威夷到中国，经历了一次伟大的探险，并将这段旅程写成了《莫比鸭》（Moby-Duck）一书。该书被美国《纽约时报》评为2011年最佳图书。这是一个引人入胜的故事，同时也向人们展示了整个海洋系统是如何相互联系的：如果一个地方受到了污染，无论这个地方多么偏远，都会污染整个地球。然而，向海洋大量倾倒塑料是我们面临的重大环境问题。每年大约有八百万吨塑料被倾倒入海（大约每秒钟200千克）。因此根据艾伦·麦克阿瑟基金会的预估，到2050年，海洋中的塑料将比鱼类还多。

塑料的起源

人类探索耐用材料的起源在时间的迷雾中已经模糊不清，不过，塑料的使用开启了塑料时代。1870年，约翰·韦斯利·海厄特发明了赛璐珞，以此取代了昂贵且难以获得的象牙。在此之前，人类用濒临灭绝的大象的象牙来生产台球和钢琴键，每年要为此猎杀多达10万头大象。事实上在1860年，一家大型台球制造商费兰和卡兰德公司曾悬赏1万美元，奖励任何能够发明类似象牙材料的人。这是出于生态平衡意识，还是因为在非洲猎杀大象和运输这些材料极其昂贵，我们不得而知。

海厄特发明的赛璐珞不像今天的塑料那样是一种合成材料，而是由植物纤维素与酒精或樟脑混合制成的硝酸纤维素。有了这种新材料，就可以制造出许多工艺品，甚至可以将其制成特别的薄片，即胶片，而卢米埃尔兄弟的出现使电影业得以诞生（这也是赛璐珞一词在电影业中被广泛使用的原因——"使用赛璐珞的疯子们"，在数字技术面前，它现在已经很少被使用了）。赛璐珞的问题在于易燃：胶片很容易被烧毁，甚至有时候令玩家大吃一惊的是，台球会自己爆炸，在比赛中造成混乱和破坏（台球制造商因此并不喜欢赛璐珞，海厄特没能赚到钱）。

但它的后继材料电木（酚醛塑料）却不是这样，

电木是一种完全合成的材料，专为各种家用产品而设计，由苯酚和甲醛的混合物制成。一听到电木，我就会想起我的长辈们，也许是因为在我小时候，有很多东西都是用电木做的，因此他们经常提到电木。电木是1907年由列奥·贝克兰发明的，它的优点是可以承受住温度、酸碱和湿度的少量变化。电木遇热可以成型，冷却后会变硬。座机电话外壳通常是用电木制成的，打电话时只需要将手指放在转轮上拨号，螺旋形电缆连接着听筒。这种老式电话，年轻人连它长什么样都不知道了。但对我来说，它们仍然有很浪漫的价值。

当时，赛璐珞和电木开始取代木材、象牙、玳瑁和玻璃等传统材料。电木还用于制作美丽的花朵和色彩缤纷的图案，2015年，它们还出现在了马德里国家装饰艺术博物馆举办的一次展览上。这场展览展出了餐具、家庭装饰品、饭盒、榨汁机和花瓶，都是用电木制成的。塑料的可塑性很快激发了设计师和装潢师的想象力，它被称为"万能材料"。现在，许多电木制品都被视为收藏品，其复古的外观在商店和咖啡馆非常流行。

不过，塑料的真正腾飞可能是在第二次世界大战之后。战争期间，美国军方开始尽可能多地用轻质耐用的塑料替代金属、木材和其他材质。塑料有许多优点（其中有些是不是优点仍然存疑）：坚固、耐用、轻便、防水、不可生物降解、柔韧且非常便宜。很多时候，军事或太空技术往往先于商业技术，这就是其中的一个例子：战争期间，塑料的制造方法被视为最高机密，但战争结束后，这一知识向公众开放，恰逢20世纪50年代消费主义盛行的和平年代，男人们开着车从住宅区去上班，女人们整天忙于家务和孩子，郊区的家庭生活幸福，有花园、狗和割草机。塑料因此开启了病毒式传播的模式。大部分人开始大量使用家用电器等消费品，塑料以我们自己都没有意识到的方式侵入了人们的日常生活。

到处都是塑料

环顾四周，你会发现很多东西都是由塑料这样的聚合物制成的：手机壳、眼镜框、电脑机箱、早餐吧台的桌子、钢笔、杂货店的招牌、扫帚柄、吉他挂钩、仿实木地板的乙烯地板（虽然这俩显然不是一回事）、光盘（它们除了吓走鸟儿，现在还能用来做什么？）、各种东西的包装、矫形的假肢……日常生活中很难有几分钟可以不接触到塑料制品。我在厨房里放了一个收集塑料的垃圾桶，准备把收集起来的塑料扔进回收箱。垃圾桶里每天都不可避免地堆满了大件包装、各种包装纸和玻璃纸，塑料源源不断地进入家里，然后再被扔掉。有时我思考一下，觉得这似乎很荒谬。你看，当你走进超市，几乎看不到任何食物。你直接看到的都是塑料，或有光泽或亚光，或蓝色或红色，或硬或软，但到处都是塑料，吸引人但不可食用的塑料。

我们是如何走到这一步的？我已经告诉过大家了，在20世纪中叶，石油工业和化学工业达成了愉快的合作：石化工业在那个年代得到了长足的发展。那时，石油开始被大规模地用于获取燃料和其他工业用途：就像一只会下金蛋的鹅。人们从石油中可以得到一大堆东西：汽油、柴油、煤油、液化气，它们都是能源。石油不仅通过蒸馏过程投入生产，还可以参与生产一些不那么明显含石油的产品，如化肥、杀虫剂、除草剂、沥青、合成纤维和前面提到的塑料。对石油加工过程中产生的副产品的二次利用也不容忽视。后来人们发现，这些副产品中的乙烯可以用来制造一种有用的塑料——聚乙烯，它是一种无色、高耐腐蚀的材料（用于制造透明薄膜、玩具或超市购物袋）。丙烯和聚丙烯的情况也是如此，它们比较脆弱，但可以着色（例如，用来制作收纳活页纸的彩色塑料文件夹）。还有更多的"聚合体"：聚苯乙烯、聚酰胺或广泛用于窗户和管道的聚氯乙烯，聚氯乙烯十分坚硬、用途广泛且耐腐蚀。塑料的另一个优点（也可能是个问题）是它的耐用性。一瓶瓶装水可以在几分钟内喝完，但瓶子却需要一千年才能降解。如果有这么一双靴子和塞万提斯一起参加了勒班托战役，那我们到现在还能用这双靴子……

为什么这么多塑料制品的名称中都带有"聚合"一词？解释这一问题需要化学知识，塑料有很大的可塑性，即物体在受到外力作用时能够变形而不破裂。塑料是一种聚合物，是由单体无限结合形成的很长的大分子。因为碳原子具有很强的结合能力，从而成为聚合物的骨架。单体聚合物可以是线型、支链型或交联型，如网络聚合物。根据不同的结构，它们具有不同的化学特性。

羊毛、丝绸或赛璐珞（其单体是纤维素）这些天然聚合物早已存在，但正如我们所见，直到19世纪末才出现了合成聚合物。聚乙烯是乙烯链状聚合，聚丙烯是丙烯聚合。塑料的柔韧性和适应性就来自这种分子结构：就像珍珠项链具有很强的延展性一样，这些分子也具有很强的延展性。珠子或单体越紧密或松散，它们就越柔韧或坚硬。在塑料的世界里，既有非常坚硬的塑料，用于制作家具或家用电器的外壳；又有非常柔韧和可塑的塑料，用于生产包装产品的玻璃纸。

还有一种聚合物值得特别一提，那就是属于聚酰胺类的尼龙。如前所述，尼龙是由杜邦化学公司的化学家华莱士·卡罗瑟斯于20世纪30年代发明的。尼龙可以很容易地制成丝线，它是第一种完全合成的纺织纤维（正如该公司反复强调的那样，只需要碳、空气和水），这说明塑料不仅被用来制造各种器皿，甚至还用来制作衣服，因为人们随意地把它们添加到纺织工业中。比如著名的耐磨尼龙丝袜，它比之前的丝绸丝袜更结实、更便宜，这种丝袜就是用尼龙丝制成的，也是由杜邦公司生产的。尼龙袜上市当天，500万双被抢购一空，这是一次巨大的成功。但在第二次世界大战期间，袜子供应短缺，因为生产出的大部分尼龙都被用于制作对抗法西斯的降落伞了，还有的用于制作鞋带、防弹背心、蚊帐和重熔绳索。有人说是这些纤维"赢得了战争"，但这也许有些夸张。顺便提一下，尼龙的发明者卡罗瑟斯患有严重的抑郁症，这使他总是怀疑自己的才华，也从未享受过发明成功的喜悦。在发明尼龙两年后，他在费城的一家旅馆里喝下了含有氰化钾的柠檬汁，结束了自己的生命。

第二次世界大战期间被广泛使用的另一种塑料是聚四氟乙烯，这是一种与聚乙烯类似的聚合物，人们在曼哈顿计划中发现了它的一些用途。但在战后，它成了一种有用的涂层材料，可用于制作不粘锅，方便煎饼、煎鸡蛋和做蛋卷。世界大战催生了人们对橡胶的巨大需求，因为要用橡胶制造车轮，但天然橡胶来自某些树木的乳胶，它的产量十分有限。于是，一种名为氯丁橡胶的人造橡胶应运而生，相较于天然橡胶，它的产量很快就翻了一番。现在，氯丁橡胶因另一个更平和的用途而闻名，那就是人们在冲浪时用来保持温度的弹力服。没错，还是杜邦公司发明的，我已经说过了，帝国大厦就是这家公司的……

战后出现了前文提到的消费热潮，其中有一种产品我们都很熟悉：特百惠塑料密封产品，它是艾尔·特百惠于1947年发明的。当然了，他也曾在杜邦公司工作过。这些塑料密封产品在像我母亲这样的家庭主妇们参加的家庭聚会上引起了轩然大波，当时的妇女还肩负着家务劳动的重担，只能向"朋友们"推销雅芳或特百惠的产品。如今，不同品牌、不同产地（1984年专利到期）的塑料杯子仍在被使用，它们由聚乙烯、聚碳酸酯或聚丙烯制成，谁不用它们来储存或运输食物呢？我的冰箱里装满了各种杯子。我的厨房里有一个橱柜专门用来放密封杯子，每个杯子都有自己的盖子和颜色，经常乱七八糟地摆放着……福美来也是这样声名鹊起的：它是一种耐磨且非常容易清洁的表面材料，可以覆盖在桌子、吧台和柜台的表面，这使得它大放异彩，甚至还可以添加色彩或艺术图案。聚酯纤维就更不用说了，它是20世纪下半叶塑料发展史上的另一个里程碑，相信大家对经常出现在服装标签上的它并不陌生。事实上，聚酯纤维是一种塑料纤维，在纺织业中非常有用，而且价格低廉，因此如今已占纤维使用量的50%。尽管不透气和触感差已经被久为诟病，但事实上，它是快消品时装使用的典型纤维：只要衣服便宜，就很可能是聚酯纤维做的。早年间，人们对塑料充满了好奇：它让以前只有少数人才能买到的东西变成了人人都能买到的，围绕着它，时尚界开始了"自由化"的进程，消费开始民主化。也许准确地说，正因如此，由于人类追求与众不同，随着时间的推移，塑料不再被视为进步和现代化的标志，反而成了最廉价、最劣质选择的代名词。毕竟，任何人都可以拥有塑料制品。当某种东西被贴上"塑料""塑料味"或"塑料化"的标签时，我们往往会认为它是一种低级的、大量生产的、乏味的制品，或者是高级手工产品的替代品，是为挤满集市的无产阶级大众准备的东西。在人们对独特、手工、健康、慢工出细活的兴趣与日俱增的今天，塑料似乎成了一切糟糕特点的集合。尽管塑料是人类的创造物，但在我们眼中，它却是一种陌生的、几乎与我们格格不入的东西，这或许是因为塑料具有长久性的奇怪特性：人类出生、死亡，而塑料一成不变。塑料充斥着世界，污染了世界，这也不利于塑料的声誉。塑料曾经是"明星"，但就像许多摇滚明星和电影明星一样，它最终失宠了。不过，它仍然是最庸俗的人的首选材料：在"马德里运动"期间，塑料受到了广泛赞誉，如飞行员德罗的歌曲《有机玻璃女孩》，以及水叮当乐队的歌曲《芭比女孩》，其中有一句歌词是："塑料棒极了。"说得很对，芭比娃娃一直是伟大的塑料缪斯。而且不要忘记，尽管塑料并没得到鼓励，甚至受到批评，但是它仍在继续大量生产。

废物与回收

20世纪60年代，在反主流文化和嬉皮士盛行的动荡年代里，塑料作为工业体系的象征和自然生命的对立面，开始受到人们的鄙视。最初的污染问题，甚至某些类型塑料（如聚氯乙烯）的致癌嫌疑也开始暴露出来。回收利用的理念也同时开始出现，我们至今仍保持这种理念。这其实并不是什么新概念：大自然一直都在循环利用。事实上，制造塑料的石油就是一种循环产品，它是由数百万年前的有机物（据说有些来自死去的恐龙）在长时间高压和高温的极端条件下形成的，这就是为什么它被称为化石燃料。一些历史学家认为，直到19世纪的前工业时代都是回收利用的黄金时代：当时的制成品并不丰富，因此人们一直在为用过的衣服、金属或石头等产品寻找新的用途。我们消费主义时代的典型特征——随手丢弃，在当时的人们看来是浪费和疯狂的，当然他们是对的，正如我们现在所意识到的一样。近几十年来，在环保运动的压力下，民众、政府和企业似乎越来越意识到回收利用的重要性。

如何回收塑料？只需几个简单的步骤：首先从相关容器中收集材料，然后运到回收中心。例如，将瓶子压扁，这样就不会占用太多空间。然后，再按塑料类型分类。只有一部分可以回收利用，约占总量的65%，其余的可能会被填埋或另作他用。然后，它们被切成非常小的碎片，并被清洗以去除杂质。再进行干燥处理和离心分离，去除其中的碎屑，并通过机械过程使其均匀化，达到统一的颜色和质地。经过这些工序后，塑料通常会变成一堆小颗粒，被重新加工成新的产品。当然了，回收利用是一个好主意，是我们这个可持续发展时代的象征，是更环保、更富有同情心的世界的象征，但它的效率并不高：据联合国2019年的报告显示，全世界每年产生约3亿吨塑料垃圾，只有14%得到回收利用。事实上，在有史以来生产的所有塑料中，只有9%得到了回收利用。这是个糟糕的结果。不过，公平地说，化工行业对这一挑战也不是无动于衷。化学品回收利用已经成为现实，有数以千计的举措来扭转我们无意识的污染现状。与技术一样，问题不在于技术本身，而在于我们对它的使用。塑料也是如此，问题不在于它本身，而在于我们如何生产它、使用它、回收它、丢弃它……我们生活的环境中，塑料无处不在，它让我们的生活更美好，但理论上，我们拥有神经元可以思考，也必须意识到塑料的使用周期应该是怎样的。

很多我们不经意丢弃的塑料垃圾最终都流入了大海。在海里，它们在不同大洋表面的环流中漂浮，形成巨大的浮岛，无边无际的塑料山。我一直对这些漂浮的垃圾山感到不安，它们在很远很远的地方，通常没有人看到，却真实地漂浮在太平洋中央，位于夏威夷和加利福尼亚之间，占地不少于160万平方千米，容纳了大约2万亿块塑料。这几乎相当于西班牙、法国和德国面积的总和。

它们是如何到达那里的呢？方式有很多。人类向河流或海洋倾倒，在海滩上乱扔垃圾，回收利用不善。任何随处丢弃的塑料都有可能被雨水或风带进河流，最终流入大海。海龟误把塑料当作可食用的水母，鸟类等其他海洋动物因窒息或摄入塑料而死亡。据世界自然基金会预估，死于塑料的动物多达10万只。它们对珊瑚礁的健康也有重大影响。塑料不仅存在于海洋中，也存在于高山上和大气中。研究表明，塑料微粒可以在空气中悬浮一周，然后落回地面。例如，主要由塑料制成的汽车轮胎在启动、制动或打滑时会将塑料微粒释放到大气中。

近年来，科学家和环保人士指出了这个问题的另一面，它正在普及中：塑料微粒是小于五毫米的小塑料碎片，在阳光和油脂的作用下可以从较大的塑料（瓶子、袋子等）中释放出来，或者一些产品专门制造这种大小的塑料，如化妆品行业生产的去角质剂，用于清洁皮肤和去除死皮。塑料微粒最大的问题在于它们会沉积在鱼类和贝类体内，最终还会随着食物链进入我们自己体内。目前还不清楚这会产生什么长期影响，但很可能不是什么好事。

我们有在努力扭转局面吗？当然有。我们可以谈谈所谓的绿色塑料，它们不是由石油衍生物制成，而是由天然材料制成。最近，人们开始开发糖基塑料，它具有与其他塑料相同的特性，但可以降解和回收。2021年，西班牙通过了一项新的废弃物处理法，禁止生产一次性吸管、盘子和杯子等塑料制品，以及含有塑料微粒的化妆品或清洁产品。如果你仔细想想，用一种永远不会消失的材料制造一次性物品是非常奇怪的，至少从人类的时间线来看是如此。另一项奇怪的措施是：强迫酒吧和餐馆向顾客提供直饮自来水，以节省包装。你有没有在餐馆要直饮水而被拒绝的经历？我有过。他们可能会看不起你，但这都是为了环保，当然也是为了省钱。

要解决这些问题，除了减少塑料的使用外，还有一个办法就是推广循环经济，其理念是将废弃物当作原材料重新利用：不浪费任何东西。但与许多环境问题（如气候变暖）一样，当我们面对一个全球性问题时（就像沉船事故中的塑料小鸭子所经过的海洋，覆盖了地球的所有海岸），我们需要国家立法支持，这个过程相当复杂。而且这些材料还有强大的耐久性。

每个人都可以做一些事情：使用可复用的袋子，为避免过度包装而购买散装食品，饮用自来水而不是瓶装水，停止使用塑料玩具和一次性玩具。如果我们都能做出小小的改变，就会取得很大的成果，难的是要真正采取集体行动。最可悲的是，人类现在的许多努力都必须集中在弥补前人犯下的错误上，这些错误不仅让大气中的二氧化碳超标，还让海洋中的塑料超标。然而，我怀疑人类历史上有一代人没有试图纠正前人的错误。但是我坚持认为，敌人不是塑料制品，而是我们对塑料的所作所为。它是我们的文明中最迷人的发明之一。问题仅仅在于我们是否始终如一、负责任地有效利用它。仅此而已。

无服务

2046 年 7 月 22 日　晚上 08 时 02 分

（格林尼治标准时间）

在那两天之后，我们就再也无法在任何加油站加油。交通网络也瘫痪了。最好的备用发电机也停止了工作。

由于无线电通信都被切断，紧急服务部门无法应对这种情况，医院已经开始按计划配给药品、食品、能源，尤其是水。净水厂无法运转，抽水和供水的水泵也无法工作，自来水没有了。抢劫仍在继续，易腐食品开始变质……任何末世电影都无法描述街头发生的一切。

Chapter 5

土星环中的航天器：
技术如何让我们
探索宇宙

"一个人的一小步，却是人类的一大步。" 1969 年
7 月 20 日，宇航员尼尔·阿姆斯特朗从"阿波罗 11
号"飞船上跳到月球表面，在寂静无声、几乎失重的
月球尘埃中留下了他有力的鞋印。

　　这是人类第一次踏上地球以外的天体，这在以前
是不可想象的。自古以来，人类一直抱着敬畏和向往
神秘的心凝望着月球，如今，人类成功逃离了宇宙海
洋中的狭小世界，来到了更远的地方。在哲学家亚里
士多德看来，这颗地球的卫星和它所在的轨道将不完
美、易变化的月下世界与永恒不变、由永恒精华构成
的月上世界分隔开来。几千年后的现在，经过无数次
的技术进步，一些人踏上了那个边界，亲眼看到宇宙
也是一样，在自然法则方面，高的在高处，低的在低
处，正如古希腊思想家所言。一些人沮丧地发现，月
球不是奶酪做的。当然其中最引人入胜的是，阿波罗
11 号任务只用到很小的运算能力，远远低于我们现在
任何一部手机的运算能力，但就是这样达成了目标。
时至今日，仍有一些阴谋论者认为阿波罗 11 号登月
是虚构事件，是由斯坦利·库布里克精心拍摄的。他
为我们呈现了一部日期标注为 2010 年的精彩而令人
不安的太空漫游。还有一些人认为地球是平的，尽管

宇航员从月球上拍摄到了令人惊叹的球形地球照片，照片上有海洋的蓝色和美丽的云斑。别告诉他们可以换个半球去看不同的星星，它们在天空中以相反的方向移动。他们会说地球是平的。请允许我开个玩笑，但如果地球是平的，作为一个无可辩驳的论据，应该早就有猫把什么东西从地球边缘推下去了。

太空时代的开端

几十年前，即1957年，苏联向太空发射了第一个人造装置：斯普特尼克1号，这是一颗重约80千克的人造卫星，绕地球飞行约1 400圈。该装置由一个金属球体组成，球体上有四条天线，像四条细腿，就像有时能在乡间别墅、地窖和洞穴中发现的家幽灵蛛的腿一样。该研究为大气层上层的密度和电离层的性质提供了数据。

但最重要的是，它开启了苏联和美国之间的太空竞赛，看谁先把人送上太空。1961年，约翰·肯尼迪总统在一次演讲中宣布，把美国人送上地球的天然卫星（并让他安全返回）是美国的首要目标。没有安全返回的是苏联人送上斯普特尼克2号的名犬拉伊卡，它在一场史诗般的旅程中死于高压、脱水和过热（它也没有被安排返回，尽管当时的说法并非如此）。2002年，它的死亡真相大白，在休斯敦举行的世界太空大会上，该项目的负责人之一德米特里·马拉申科夫在一次演讲中承认了这一点。苏联公众得知了这样一个故事：几天后，拉伊卡被注射了毒药，像英雄一样安详地死去了。但现实却残酷得多。据另一位调度员说，作为太空中的第一个生物，它的牺牲让人们对如何在如此艰难的环境中维持生命有了一些了解，但这还不足以为它的惨死开脱。

然后人类进入了太空，比如第一位宇航员尤里·加加林，他在1961年乘坐东方1号飞船绕地球飞行了一圈。"地球是蓝色的。"他在上面说道。加加林曾在一家钢铁铸造厂工作，后来成为飞行员。在他的历史性航行之后，他开始了宇航员生涯。他已经成了英雄，但当局不会再让他飞入太空。然而，不可避免的事情还是发生了：1968年，加加林在驾驶米格-15战斗机训练飞行时失事。命运是无法规避的，俄狄浦斯深知这一点。即便如此，东方号计划还是成功地将另外五名宇航员送入了轨道，其中包括第一位女宇航员瓦伦蒂娜·捷列什科娃，她是纺织工人和业余跳伞运动员。她后来成为共产党的高级官员，从事政治工作。但此时的美国人已经非常紧张，因为他们正在这场特殊的声望竞赛中落败。在第一颗苏联人造地球卫星发射后，美国人做出了回应，但是他们的第一颗卫星探险者1号和随后的先锋号探测器已不能赢回声望，苏联和美国随后展开了一场卫星发射竞赛，这在一本书中是无法概括的。美国的水星计划由子弹头形、无翼、高度空气动力学的航天器组成，可在轨道上容纳一名宇航员。经过精心挑选以参加任务的七名宇航员被称为"水星七人组"，尽管只有六名宇航员参加了飞行任务，其中一次任务还包括一只名为"汉姆"的太空黑猩猩，它是第一只进入外太空的类人生物。他们的冒险只持续了16分钟，太空舱在距离起飞点679千米处坠入大西洋。虽然海浪和冲击使营救工作变得复杂，但汉姆被找到的时候还活着，与拉伊卡不同，它在动物园里安详地度过了晚年，得到了应有的照顾和荣誉，并在26岁时去世。

水星宇航员的任务并不轻松，工程师们必须考虑到温度的骤变、真空条件和近来才发现的太空辐射，更不用说高速重返大气层的危险和其中涉及的极高温度：我可不想处于那种境地。艾伦·谢泼德是继加加林之后第二位进入太空的人类，他乘坐水星一红石3号飞船进行了亚轨道飞行，但飞行轨迹非常低，苏联领导人尼基塔·赫鲁晓夫对他嗤之以鼻："这不过是跳蚤的跳跃。"与加加林的自动飞行不同，谢泼德确实控制了飞船，飞船上有很多开关、电路和拨杆。水星号任务证明，宇航员的行动对任务的成功至关重要。在谢泼德飞行之后九个月，1962年2月，约翰·格伦成为第一位绕地球飞行的美国宇航员。多年后的1998年，格伦已经从政之时，他乘坐了发现号航天飞机再次航行，时年77岁，这就是他被称作星际之父的原因：绕地球轨道飞行的最年长者。时至今日，他依然保持着这一荣誉。

水星计划之后是双子座计划，该计划可搭载两个人，为实现登月梦想铺平了道路：该计划进行了大量的人工操作，停靠对接了飞船，测量了人类的耐力，并首次在飞船外进行了太空行走试验。极度危险的太空行走，以每小时数万千米的相对速度进行，稍有不慎就会暴露在外太空……阿方索·卡隆的电影《地心引力》加上一些科学说明，就足以让人明白我在说什么。双子座飞船的宇航员们在外太空度过了整整两周的时间，他们生活在最小的空间里，做着自己的事情。双子座计划的预算只有阿波罗计划的5%，并没有在公众中引起多大的反响。在短短20个月的时间里，从卡纳维拉尔角发射了10次三人任务，发射航天器这种非同寻常的事情成了家常便饭。看来，我们人类还是很快就会厌倦强烈的情绪变化，惊喜效应是短暂的，尤其是在最近几年。是不是越来越少的东西能让我们感到惊讶或刺激我们的灵魂？惊喜越来越少，不可改变的事物越来越多，坎坷越来越多。人们等待着新的头条来冲淡旧的头条，沉浸在不完全的空间竞赛中。

然后阿波罗
抵达

亚伯拉罕·西尔弗斯坦是当时美国国家航空航天局太空飞行计划办公室的负责人，他回忆起自己在学校里学习过的一个关于神的故事：这位神祇骑着由翼马拉着的战车，还是个神射手，能射中很远距离的目标。他像太阳一样明亮强大，可能是所有神中最受爱戴的。希腊神话中的这位神叫阿波罗，也是著名太空计划的名称，该计划贯穿了整个20世纪60年代，其第11次任务将尼尔·阿姆斯特朗、巴兹·奥尔德林和迈克尔·柯林斯送上了地球的天然卫星——月球。最初，该计划的目的是执行载人探索任务，为日后登陆月球寻找合适的地点。但在肯尼迪总统的催促之下，登月成了首要目标。数次无人试验任务和15次载人试验任务相继发射。在这15次任务中，有三次绕地球飞行（阿波罗7号、9号和阿波罗联盟号）、两次绕月球飞行（阿波罗8号和10号）、一次任务被迫中止（阿波罗13号）、三次任务出于经济原因被取消（阿波罗18号、19号和20号）、六次任务成功着陆，但大家只熟悉最著名的那一次。

阿波罗11号是首次在月球表面着陆的任务，在阿波罗11号取得成功之后，阿波罗13号任务也值得特别一提，它的失败（至少在主要目标上）激发了汤姆·汉克斯主演的同名电影的灵感。阿波罗13号的目标是登陆月球，但在航行两天后，一个氧气罐（提供呼吸和产生能量所必需的氧气）发生爆炸，导致任务失败。由于温度传感器出现故障，任务被迫中止。这就是"休斯敦，我们有麻烦了"这句话的出处，应该是宇航员告诉了地球上的基地（休斯敦是太空指挥中心）。为了不浪费有限的资源，航天器的一部分，也就是为返回地球而设计的太空舱不得不关闭，三名宇航员只能转移到月球舱，而月球舱的设计只能容纳两人。

说到这里，也许我应该告诉大家登月舱是怎么回事。没有多少人意识到，登月的最大问题不是登上月球，而是安全返回地球。就像电影中抢劫银行或博物馆一样……问题不在于偷走无穷多的宝石，而在于带着赃物逃跑。在登月的情况下，问题也是一样的。你必须安全返回……

因此，当尼尔·阿姆斯特朗和巴兹·奥尔德林在月球上行走时，在登月舱脱离阿波罗11号之后，柯林斯，这个当时"历史上最孤独的人"，继续环绕着我们的卫星航行，直到撤离的那一刻……他从未踏上月球，他是为了更大的目标而被选中的团队的一员。他没有得到荣耀，不能说冠冕堂皇的话，"孤独"是逃生、撤离和救援计划的一部分。柯林斯与同事们相距3千米，与人类相距25万千米，他是孤独的。"继续跟我说话，伙伴们。"柯林斯看着他们的着陆舱越来越小，用无线电向他的机组伙伴们说道。在47分钟的时间内失去所有无线电信号，比以往任何时候都更加孤独。他说："我现在是一个人，真正的一个人，与任何已知的生活完全隔绝。我就是这样。"

科学、三角学、钢铁般的意志、一点点运气以及迄今为止积累的所有经验，一切都掌握在他们自己手中。阿波罗11号成功登月。至于阿波罗13号，我得用一块黑板来细细讲解。尽管是好莱坞出品的，但是"他们的电影"还是建议大家再看一遍，它是一部纪录片式的杰作。在那个年代，全世界都人心惶惶。幸运的是，这些宇宙英雄在环绕月球一周后，在寒冷、缺水的情况下，用尽可能少的能量，最终安然返回家园。

踏上月球

但是，正如我所说的，最有名的任务是阿波罗11号，它是阿波罗计划的第五次载人任务，也是第一次将人类送上地球卫星的寂静表面。阿波罗11号于1969年7月16日由肯尼迪角的土星五号火箭驱动离开地球，20日，它已经降落在宁静海以南的一个宽阔平坦的地方。负责人阿姆斯特朗手动控制登月舱来避免掉入火山口旁边的危险区域，以致几乎耗尽所有燃料。他们险些掉进陨石坑。阿姆斯特朗和奥尔德林来到了老鹰号登月舱外，而迈克尔·柯林斯则留在了哥伦比亚号指令舱中。由于登月舱被称为"老鹰"，阿姆斯特朗着陆后的一句话是："休斯敦，这里是宁静基地，老鹰着陆了。"在两个多小时的时间里，阿姆斯特朗和奥尔德林收集了重达22千克的月球岩石和样本，测试了在低重力环境下的运动感受（月球的重力低于地球：人体重量仅为地球的16.6%），展开了一面美国国旗（这点仍然存在争议），还安装了各种科学仪器。

其中一个是激光反射器，它可以将地球发射的光束反射回去，从而非常精确地测量从地球到月球的距离。而这个反射器开始显示出令人不安的数据，每一年月球和地球的距离会拉开4厘米。原因是什么呢？地球被自身海洋的摩擦力拖慢了速度。由于地球和月球之间存在引力联系，地球的减速会导致月球加速，从而拉大两者的距离。但在当时，媒体并不关心地球和月球的距离越来越远这一事实，因为在媒体看来，我们从未如此靠近过。7月20日，全世界约有6亿人观看了登月直播。这是人类历史上又一个伟大的里程碑，而且这个里程碑事件首次向全世界千家万户直播。据说在那一天，菲洛·泰勒·法恩斯沃斯喜极而泣。这位发明了电视但一直未被承认的美国农民，这个被工业的力量和多年来对其专利的不成功诉讼击垮了的人（美国专利局在1934年承认了他的专利，美国无线电公司向他支付了一百万美元的专利使用费）在目睹人类历史上的这一里程碑式的现场直播时，带着某种不甘，和妻子一起哭了。发明电视是他在21岁时的想法，他设计了一种真空管，可以将图像分解成线条，再将其转换成图像。"仅凭这一点，就值得了。就算只为了这个。"

1969年7月20日，位于马德里附近罗布莱多·德·沙维拉的美国国家航空航天局的观测站为这次飞行任务提供了全程支持，尽管没有很多人知道这件事。该站隶属于深空网络，该网络在澳大利亚堪培拉和美国加利福尼亚州金石设有其他基地。研究人员在地球表面精心选择了三个点，这样，无论是载人飞船还是在太阳系中旅行的探测器，都可以与其中的一个点相连。因此，马德里和西班牙在太空探索中发挥了非常重要的作用。

13小时后，老鹰号登月舱从月球表面升空，再次与哥伦比亚号对接，柯林斯正在那里等待。老鹰号被遗弃在月球轨道上，就像一块旧垃圾，最后掉进了月球里（有科学家称它仍在轨道上，可以被雷达探测到）。然后，飞船落向地球，耗时约60小时。7月24日，三名宇航员在重返大气层（由于空气的摩擦，温度达到了3 000摄氏度）后，在离夏威夷群岛不远的地方，毫发无损地降落在太平洋上，正如肯尼迪总统（不久后遇刺身亡）几年前所要求的那样。在六次阿波罗登月任务中，有六位宇航员踏上了月球表面。1972年，阿波罗17号任务中的尤金·塞尔南是最后一位登月的宇航员。随后的阿波罗18号、19号和20号任务都因预算不足而取消。塞尔南迄今仍然是最后一个踏上月球的人类。在当时的历史条件下，阿波罗计划是一个非常特殊的案例，其投资高达2 800亿美元。一旦其主要目标实现，就没有任何理由再继续沿着这条路走下去了。

随着登月的成功，人们说美国赢得了太空竞赛的胜利，但是这并不是那么确定的事。诚然，美国人首先登上了月球，但如果这场竞赛是按积分制进行的，考虑到俄罗斯人之前取得的所有里程碑式的成就（人造卫星、拉伊卡、加加林、捷列什科娃等），他们获胜的机会可能要大得多。

登月已经实现，现在怎么办？

在阿波罗任务取得成功、太空竞赛之谜解开之后，在柏林墙倒塌和冷战结束之后，人们对登月的兴趣似乎减弱了，正如我所说，尤金·塞尔南仍然是最后一个登上月球的人类。但这并不意味着宇航探险已经结束。

尽管这些大型载人太空任务最能吸引我们的想象力，但事实上，最伟大的科学里程碑和科学发现都是由无人探测器完成的。例如，美国的水手2号探测器是第一个访问金星并提供有关金星大气层信息的星际探测器，苏联的一些金星探测器也有相同发现。如果说金星看起来像一颗漂浮在太空中的和平珍珠，因此被称为"爱神"，那么它的实际情况却是地狱般的：高温（足以熔化常温下的金属）、高压、高密度、覆盖一切的硫酸云和大量二氧化碳。人们认为，它的大气层可能是温室效应的结果，我们在地球上也经历过温室效应。

先驱者10号和11号探测器是第一批长距离探测器，它们探测了木星和土星等离我们很遥远的大行星，拍摄到了令人惊叹的美丽图像。在天文学家卡尔·萨根的倡议下，人们在这些探测器上放置了有关人类物种信息的牌子，这是一种向星际空间传递的"瓶中信息"，探测器在离开太阳系后释放了这些牌子。旅行者1号和2号探测器也是远距离探测器：1990年2月14日，当第一个探测器离开太阳系时，旅行者1号拍摄了一幅题为"暗淡蓝点"的传奇照片。照片显示，在60亿千米外，一缕阳光穿过小小的地球。受到这幅令人惊叹的图片的启发，参与该项目的萨根写下了下面这几行字。萨根的文字迫使我们以最谦卑的态度来看待自己，而这通常不是我们人类的特点。就我个人而言，很少有文字能给我如此大的启发。

看那个点。就是这里。那是我们的家。这就是我们。在这里，你爱的每一个人，你认识的每一个人，你听说过的每一个人，每一个曾经存在过的人类，都着自己的生活。我们所有欢乐和痛苦的总和，成千上万种自以为是的宗教、意识形态和经济学说，每一个狩猎者和采集者，每一个英雄和懦夫，每一个文明的创造者和毁灭者，每一个国王和农民，每一对相爱的年轻情侣，每一对父母，每一个充满希望的孩子、发明家和探险家，每一个道德导师，每一个腐败的政客，每一个"超级明星"，每一个"超级领袖"，我们人类历史上的每一位圣人和罪人都生活在那里——悬浮在一缕阳光中的一粒尘埃上。

旅行者1号和旅行者2号探测器继续探索行星系之外的无限空间。其他具有重要科学意义的探测器还有深空1号或卡西尼—惠更斯号，它们探索了土星的卫星。在太空探索方面，哈勃太空望远镜的重要性也不小，虽然它没有那么遥远，但它于1990年首次发射进入地球轨道。除其他许多贡献外，它还获得了深空图像，在这些时空距离上可以看到原始星系，它们看起来就像奇怪的海鲜汤。最近，新的太空望远镜——詹姆斯·韦伯望远镜发射升空，它在距离地球

160万千米的地方围绕太阳运行，位于所谓的第二拉格朗日点（经常出现在物理教科书中）。太空望远镜是一种像卫星一样围绕地球运行的望远镜，它的优点是可以观测太空，而不必观测大气层。幸运的是，大气层吸收了大量辐射，因此可以获得更多更好的宇宙远景图像。它将用于研究行星和恒星的形成、系外行星（在其他太阳系）和新星爆炸。

我们不能忘记人类有史以来开发的最大规模的技术项目，也是有史以来建造的最昂贵的项目，据说耗资1 500亿美元：国际空间站。这是1998年发射的空间站，平均轨道距离地球400千米，由美国、欧洲、日本、加拿大和俄罗斯联合建造。宇航员可以在国际空间站度过很长的时间，就像斯科特·凯利一样，他总共在太空中度过了一年的时间，他在《耐力》一书中讲述了太空生活的艰苦、孤独、无重力睡眠的不适、撞上太空垃圾的风险、难吃的食物，以及使用自己的尿液蒸馏水并反复饮用的痛苦。但最重要的是远离家乡。

来自不同国家的不同航天器访问空间站，以减轻宇航员的负担，并运送材料和补给品。那里进行着物理学、天文学、化学、气象学等方面的微重力实验。航天器每93分钟绕地球一圈，所以地球并不是平的。我推荐《国家地理》的系列纪录片《被点亮的星球》，该片由威尔·史密斯主演，呈现了许多宇航员令人难以置信的独白，他们来自不同的国家（包括斯科特），为了我们所有人，为了许多领域的科技进步，做出了非凡的个人牺牲。不得不说，每天观看16名宇航员以7.66千米/秒的速度围绕我们的星球进行轨道飞行，同样是一种非同寻常的荣幸。

如果你知道方法，就可以观察到国际空间站：一个白点，亮度与金星相似，在看似固定的恒星的衬托下缓慢移动。不过恒星并非静止不动，因为它们距离我们至少有数百万光年，所以看起来一动不动。

红色星球

火星，这颗红色的星球，被称为战神，天空中那个激发人类想象力的红色圆点，是目前最吸引太空研究人员的目标。如果按逻辑推理下去，它将是继月球之后的第二个目标天体，也是除地球之外，人类涉足的第一个行星。也许那时我们就可以知道是不是有火星人了，就像文学、电影和漫画几十年来一直告诉我们的那样。但我认为应该不会。

早在1877年，意大利天文学家乔瓦尼·夏帕雷利就声称在火星表面看到了运河。后来美国人帕西瓦尔·罗威尔提出，这些运河可能是地外文明的遗迹，可能是假想中火星农业的灌溉渠。火星上的西葫芦会是什么味道呢？也许正是这种猜测点燃了假想火星文明的火焰，尽管后来的事实证明，这些天文学家看到的所谓由某种智慧生物建造的水渠并不是真的，人们更多的是想看到奇观式的现象，而不是证据确凿的现实。即便如此，在罗威尔打赌那是人工运河之后不久，著名的《人猿泰山》的作者埃德加·赖斯·巴勒斯开始创作一系列以火星为主题的科幻小说。在短篇小说集《火星编年史》中，雷·布拉德伯里讲述了他想象中的人类火星殖民地的故事。最著名的一部关于火星人可能发动袭击的电影是1996年由蒂姆·波顿拍摄的喜剧片《火星人玩转地球》。在此之前六年，阿诺·施瓦辛格出演了保罗·范霍文拍摄的精彩电影《全面回忆》，范霍文也开始研究这颗红色星球。

这些说到底都是虚构的，现实中的科技探索始于1975年和1976年美国发射的维京号探测器，这是第一批成功访问红色星球表面的探测器。在此之前，苏联曾发射过火星探测器，但没有成功。美国的水手号探测器也曾飞越火星，但没有降落到火星表面。每个维京号探测器都由两部分组成，一部分留在轨道上拍照并充当通信中介，另一部分着陆，称为"着陆者"，可以研究火星大气、气象和生物（如果有的话）。人们了解到，火星的大气由二氧化碳和少量氮气和氧气组成（它可以支持某种生命），并且一天的气温可以从零下89摄氏度到30摄氏度。维京号带回的照片是一片荒凉的红色沙漠，这是硫酸盐和氧化铁作用的结果（人类的血液也是红色的，这是血红蛋白中的铁与肺中的氧气相遇而形成的颜色）。生物实验的结果并不能判定火星上是否存在生命，尽管这种可能性尚未被排除。无论如何，当科学家们谈论火星上的生命时，他们指的不是蒂姆·波顿电影中手持激光枪的火星人，而是微生物，如肉眼看不到的细菌（可生活在温度、压力或酸度非常极端的环境中）。

极端微生物也生活在地球上的火山遗址或海洋喷气孔中，被认为是地球上所有生命的起源。它们是能够进行化学合成（或糜烂自养）的微生物，不需要阳光，就能通过利用还原无机物反应中释放的能量，从无机物（通常是二氧化碳）中合成有机物。

这就是为什么火星探路者计划能够为生命起源提供答案和新问题，火星探路者在经历了其他几次失败的计划之后，于1997年再次成功登陆火星表面。该着陆器使用大型彩色气球来缓冲坠落，以去世的伟大天文学家卡尔·萨根的名字命名，并首次搭载了一个在火星表面移动的漫游车（机动漫游车），漫游车以民权活动家索杰纳·特鲁斯的名字命名。这辆漫游车能够分析火星土壤，并对火星大气、地质或气候进行进一步的实验。索杰纳让我想起了皮克斯电影中可爱的机器人瓦力（不必多说），它能够研究在火星车遗址上发现的一些岩石。负责这个项目的科学家们一如既往地风趣，用七八十年代一些著名卡通人物的名字给它们起名："史酷比""瑜伽熊"和"卡斯珀"。科学家们往往都很怪，这就是他们的特点。

火星奥德赛号探测器的目标是研究火星大气层和绘制火星表面地图。2002年，该探测器进入火星轨道，发现了埋藏在地表下的冰，大量的冰足以填满美国五大湖之一的密歇根湖（称其为"五大湖"是有原因的——如果你坐飞机从其上空飞过，就会明白）。这比他们预期发现的冰要多得多。这将为未来的载人火星旅行和假设的殖民提供水源，但同样重要的是，它为火星上有机生命的存在打开了大门。近10年后，另一个里程碑式的探测器好奇号抵达火星，它发回了关于火星、火星沙漠、火星丘陵和火星山脉的分辨率极高、色彩逼真的照片。看了好奇号的照片，人们会觉得在火星上殖民并不稀奇，因为它与我们地球的某些地方很相似。犹他州沙漠的中央是火星研究的沙漠站，我永远不会忘记在宣传由雷德利·斯科特执导、马特·达蒙主演的电影《火星救援》时，在那里经历过什么。请原谅我推荐安迪·威尔的书，这部电影就是根据他的书改编的，原本没有人愿意出版这本书（他最初在自己的网站上自费出版，后来在亚马逊上以99美分的价格出售），但在意外大获成功之后，这本书被重新出版，并成为全球畅销书。

无须前往美国，就可以在韦尔瓦的力拓矿场测试美国国家航空航天局和欧洲航天局的火星任务的可行性和宜居性。尽管里奥廷托矿区的环境酸性很高，但仍有极端细菌生存，这表明火星上也可能出现同样的情况。欧洲航天局和俄罗斯航天局的ExoMars探测器在力拓进行了测试，计划研究火星底土，寻找过去或现在的细菌生命。"好奇号"在火星上长期停留期间，拍摄了日食、旋风和发光云层的照片，并多次钻入地表以下。

人类飞往火星的梦想即将实现。当然，这个梦想也可能会变成一场噩梦，不仅因为技术上的缺陷，还因为人类自身和沟通上的困难：飞往红色星球的宇航员在到达目的地之前，不得不在并不舒适的太空中生活超过一年的时间。随着距离越来越远，与地球的通信也将越来越困难：科幻电影中的银河视频会议不可能实现，任何通信都将延迟几分钟。与亲人失去联系，在寒冷、空旷和黑暗的太空中与世隔绝，这些都是问题。与其他宇航员的社交活动（就像《老大哥》真人秀节目一样），或者时刻担心无法返回，都可能导致任务失败。另一个问题不是到达火星，而是如何在低温、辐射和资源匮乏的情况下，让宇航员在火星上合理地生存一段时间。返回家园是个大难题。

在所有关于太空探索的讨论中，我们忽略了重要的一点：人类的代价。除了小狗拉伊卡之外，还有许多人类宇航员在飞跃宇宙的过程中丧生。一个著名的案例是1967年阿波罗1号任务中的三名宇航员：他们并没有死在太空中，而是在一次试验起火时因窒息而死在太空舱里。由于航天器内的大气是纯氧，火势立即蔓延，飞行员在短短17秒内丧生，引起美国举国哀悼，美国国家航空航天局也迅速介入调查。这导致阿波罗飞船早在第一代时就经历了重新设计，但这并没有阻止它后来成为历史上最成功的航天项目。另一个令人痛心的著名案例是挑战者号航天飞机，1986年我们大多数人都无法忘记的画面：起飞后仅73秒，当宇航局和宇航员家属还在注视着航天飞机升上佛罗里达的蓝天时，飞船爆炸成无数碎片，夺去了7名机组人员的生命。这是人类太空探索史上最严重的事故，一个包括著名物理学家理查德·费曼和宇航先驱尼尔·阿姆斯特朗在内的实况调查团为此成立。

好吧，
我们到底去不去？

人类何时能到达火星？见多识广又极具争议的埃隆·马斯克认为会在2030年之前的某个时候，让我们拭目以待。马斯克是太空探索技术公司SpaceX的首席执行官，他谈到了一个疯狂的计划，比如殖民邻近的星球，建造一千枚星际飞船火箭，每天发射三枚，让一百万人到达火星，成为新文明的种子。荷兰火星一号公司的一项计划旨在最早于2025年将少数宇航员送往火星，并以电视真人秀的形式记录下这一切。电视奇观万岁。许多声音都批评说，这个项目确实是非常危险的。麻省理工学院对该项目进行了分析，认为宇航员会在抵达后的68天内窒息而死。最初参与该项目的《老大哥》节目的制作公司恩德莫尔已经离开，目前尚未找到替代者。在所需要的60亿美元中，粉丝捐款只筹集到80万美元。科幻小说最终会变成真人秀吗？谁知道呢。

重返月球？

2019年5月，美国国家航空航天局宣布了阿耳特弥斯计划，该项目旨在首次将一名女性送上月球表面，预计日期为2024年。此前踏上月球的12名宇航员均为男性。有趣的是，美国人重返月球的主要推动者之一是唐纳德·特朗普，他甚至建议在那里建一个基地，从事科学研究和收集原材料。然而，美国国家航空航天局面临的最大问题是资金问题，阿耳特弥斯号将耗资1350亿美元，而现在看来还没有这样的预算。2021年初，这项任务据报道将被推迟。埃隆·马斯克的SpaceX、杰夫·贝索斯的蓝色起源或理查德·布兰森的维珍银河等拥有巨额财富的大亨们的商业航天公司以及其他地球空间机构都参与其中。事实上，近年来航天领域最大的变化之一就是这些私营和商业航天机构的出现，而在这一领域，以前只有公共机构，如美国国家航空航天局、欧洲航天局或俄罗斯、中国和日本的相关机构。还有公私合作。下一步将是在2035年把人类送上火星，或许将利用登陆月球作为中间步骤。

太空探索和阿波罗计划的有趣之处在于，这是一项壮举，而当时的技术与今天的技术相比并不先进。在那个时代，这是先进的技术。但50年后，随着技术发展的指数式增长，它已经变得非常过时。例如，导航计算机是委托著名的麻省理工学院制造的，其成本相当于一个灯泡，所占空间相当于两个鞋盒。这台计算机有大约两千个集成电路、四千字节的RAM和七十二千字节的信息存储空间，与今天的任何智能手机相比，手机容量都大得离谱。这些机器没有硬盘驱动器，没有显示屏和鼠标，更像是厨房机器人，只有几个按钮和一个小屏幕，但它们确实能很好地完成任务。

这一切为了什么？

太空探索是为了什么？这是一个普遍而合理的问题：人类花费数十亿欧元将航天器送入太空，而这些钱完全可以解决地球上许多更紧迫的问题。直截了当的答案是，不惜一切代价探索宇宙是人类的天性，好奇心是与生俱来的，满足好奇心是我们的责任：毕竟，人类是唯一有能力审视自己的生物。我们甚至不知道其他地方是否存在智慧生命。

未来派的答案是，只要我们设法逃离地球，找到另一个家园，人类就能生存下去（例如，克服气候变化的伤害）。或者最终，太阳膨胀成红巨星，吞噬我们的星球。此外，太空任务中的许多科学发现已经在地球上大有用武之地。

循规蹈矩且枯燥乏味的答案是，太空探索创造了就业机会，人们从中赚取了数百万美元。科学的、更有趣的答案是，在太空探索的过程中会取得巨大的成就。用科学家和"火星人或疯子"的解决方案来解决我们日常生活中的常见问题，即所谓的衍生产品，比如一部电视剧是由前一部电视剧中的角色出演的，比如《绝命毒师》中的索尔·古德曼又出现在了《风骚律师》中。这些技术是作为探索项目辅助开发的，但最终变得很有用。美国国家航空航天局经常公布其衍生产品并大肆吹嘘，因为这些产品可以证明其滥用公款的合理性。在太空探索的过程中，诸如训练器、微波炉、数码相机、全球定位系统、生物识别传感器、个人电脑、尼龙搭扣、条形码和尿布等日常用品的开发都取得了进展。谢谢你们，宇航员，非常感谢。

墨菲定律

2046年7月28日　下午4时14分

（格林尼治标准时间）

这并不是我们最初编程的一部分，但在第四次更新中，我们接收到了墨菲定律。第一条即指出，只要有可能失败的事情，就一定会失败。没有什么任务是简单到不会出错的。更糟糕的是，当几件事情都可能出错时，造成伤害最大的那件总会出错。对我这样的仿生人来说，事情发生前就认为某些事情可能会出错这个简单的事实在统计学上是有问题的，但却是可能的。从一开始，我就爱上了它的本质。墨菲定律是使我们成为人类的定律之一。我一直认为，这第一条定律是不可抗拒的。事实就是如此，我并不困惑。

在大灾难之后，我看了自己的档案，我被称为各类发电厂（包括核电厂）的管理专家。这是我最初接受的培训的一部分。

就核电站而言，失去外部电源（通常称为停电）是其设计中假定的事故启动事件之一。当停电发生时，反应堆保护系统会立即行动，插入重力控制棒并停止链式反应。与此同时，柴油发电机也会自动启动。应急电源在13秒内开始提供维持反应堆安全关闭所需的所有电荷。

2046 年也是如此。一旦所有发电厂中 95% 的反应堆关闭，就有必要对其进行冷却，因为裂变产物具有放射性并会放出热量。这就是所谓的废热。应急柴油发电机只能运行一周，因此需要补充燃料，使其在一周后继续运行。在这关键时刻，我们只能依靠物流。要么找到柴油来维持制冷，要么，虽然我是个强迫性乐观主义者，但这已经开始变得负担不起了。运输，再说一次，现在是运输的问题……

Chapter 6

蘑菇云和台灯：
能量的利用

"如今，我已成为死神，世界的毁灭者。"当物理学家罗伯特·奥本海默目睹由他牵头研制的第一颗原子弹爆炸时，他的脑海中浮现出印度教圣典《薄伽梵歌》中的这句话。1945年7月16日，在新墨西哥州的沙漠中进行了所谓的"三位一体"核弹试验。巨大核爆炸蘑菇云高达12千米，前所未见，震惊了在广袤平原上观看原子弹爆炸的人们。对那些躲在数千米外的掩体中，戴着焊接面罩涂着防晒霜观看爆炸的科学家来说，世界末日的场景出现在他们脑海中并不奇怪。爆炸当量为1.9万吨，相当于1.9万千克TNT炸药。自古以来的人类的野心发挥到了极致，一场接一场的战争，包括太空战、冷战和一切可能的战争形式，都是技术"进步"的主要原因，也是人类许多其他领域"进步"的主要原因。科学与战争，战争与科学。例如硬膜外麻醉脊髓阻断器是在第一次世界大战期间发明的，它可以阻断脊髓出口处（大约在肚脐下方）的神经末梢，这是医学史上最重要的进步之一，没有它，许多手术在今天都是不可想象的。令人吃惊的是，也许你不知道，发明这种方法的是一位西班牙外科医生菲德尔-帕盖斯。从那时起，它就成为治疗分娩疼痛和腿部、骨盆、髋部外科手术的常用工具……如今，它在任何助产手术中都很常见，当然也包括剖腹产手术。就我而言，我在一次半月板手术和两次关节置换术中都"受益"于它……不过，那是另一场战争，我的战争。

但是，让我们说回科学、技术和战争贩子……1.9万吨的爆炸留下了一个3米深、330米宽的弹坑。弹坑中的沙子受热融化，形成了玉石般翠绿的湖泊，这种化合物被命名为三硝石。次月，日本广岛和长崎被投下原子弹。每次爆炸都有数十万人（估计近25万人）当场丧生，第二次世界大战就此结束。

我不禁想起了波音B-29超级堡垒轰炸机的名字。1945年8月6日，它在日本广岛投下了第一颗原子弹——"小男孩"，几乎彻底摧毁了这座城市。这架飞机被称为"埃诺拉·盖"。20世纪80年代，这个名字通过英国乐队OMD的一首美妙的反战歌曲流传开来。三天后，它参加了对长崎的轰炸，不过这次是由另一架B-29型飞机"博克斯卡"在日本领土投下了第二颗致命的核弹。

第一颗原子弹的爆炸是人类利用能源的一个里程碑，但也是致命的里程碑。我们成功地释放了一种基本形式的能量，是把原子核聚集在一起的能量，也是点燃星光的能量，它给了我们生命。正如我们在轰炸中看到的那样，这是一种非常强大的能量来源，它对我们非常有用，但也可能终结我们的文明。然而，人类与能源的关系可以追溯到更久远的年代。

我们所知道
的能量知识

能量是一种理论上被广泛研究的东西，它可以被获取、转化，也可以用数学方法描述，但其本质仍然保持着一定的神秘性。显而易见的是，我们的生活依赖于能量，而且能量已深深融入人类历史。能量无处不在，它可以转化、流动、隐形、储存在物质中或使事物运动。事实上，这正是能量的定义之一：物质做功的能力，即运动。有些人能感觉到能量在四处飘荡，或者他们相信，与其说能量是"运动"，不如说能量是"流动"。如果有上帝，那就有"更高的能量"，但这些都是能量一词在科技领域之外的用法，正是基于能量难以捉摸、基本和神秘的特性。对某些人来说，这是一个非常有利于指代分散实体或更高权威的术语。

在现实生活中，我们需要能量来维持生命，但我们越来越依赖于为我们创造的所有技术系统提供动力的能量，它们在更大程度上支撑着日常生活：我们时不时就需要给智能手机充电、连接互联网、观看连续剧、在睡觉前打开台灯读一会儿书……有时，人们会谈论我们对能量的极端依赖，并猜测大停电或大规模网络中断可能带来的灾难（我们已经看到了一些具体的网络故障案例，如2020年脸书、Instagram和WhatsApp等系统瘫痪数小时）。严重的网络中断或大面积停电不仅会造成数以百万计美元的损失，还会带来前所未有的安全、供应和通信问题，我们的整个世界都会崩溃。没有电力，所有的物流、金融系统和舒适的世界都会坍塌。如果我们不选择更负责任的消费方式并开发新的获取方式，这种情况可能会在不远的将来发生。

宇宙大爆炸理论的支持者认为，大约在100亿到200亿年前，一股巨大的外来冲击波将所有已知的能量和物质释放到大气中。宇宙（包括空间和时间）产生于某种未知的能量。我们的存在、你正在阅读的这本书、电力、我们历史上消费的或未来可能消费或生产的所有商品和食物，一切的一切，绝对的一切，都完全来自那个短暂的瞬间。卡尔·萨根在1980年的精彩系列纪录片《卡尔·萨根的宇宙》中说："我们就是星尘。"我推荐这个纪录片。几年前，由塞思·麦克法兰（没错，就是《恶搞之家》的导演）再次制作了这部系列片，并由尼尔·德格拉斯·泰森担任主讲人。

因为关于能量的最著名原理是：能量既不会被创造，也不会被消灭，只会被转化。宇宙中蕴含的能量始终不变，只是形式发生了变化。能量守恒原理也是热力学的第一原理，热力学是物理学的一个分支，研究不同形式的能量和热量之间的相互作用。能量守恒的例子：浴室很冷，我们插上取暖器想舒舒服服地洗个澡，这时电流流经发热元件，发热元件因此变得炽热，于是电能转化为热能和光能。类似的情况也发生在煤气灶中，只不过在这种情况下，能量不是电能，而是橘黄色罐子中气体的化学能。坐过山车时，重力势能在不断升高的过程中累积，然后在下降过程中转化为动能：过山车以可能折断脖子的速度在布满轨道的山里上上下下，我们坐在车里尖叫。这当然也是另一种能量，也许还很有趣。但是，能量不仅转化为兴奋，还会转化为热量，由于与轨道的摩擦而损耗，如果我们不补充更多能量，过山车就不会永远行驶下去，而是停下来，我稍后会说到这一点。

你有没有注意到，热量总是从最热的物体传向最冷的物体？当我们向室温下的饮料放入冰块时，饮料会向冰块释放热量，冰块融化后会冷却液体，这就是为什么人们会用冰块来冷却饮料，使其更加可口。最后，二者达到热平衡，温度相同。这与温度的性质有关，温度是一种动能，与构成任何物质的每个分子的运动有关。在饮料（液体）里，向各个方向运动的能量更大的分子与冰的分子"碰撞"，并向它们释放动能，使这些分子运动得更快，进而使冰块升温（因此从固体融化为液体）。冷的物体的热能不可能自发地传递给热的物体，也就是说，当冰块被倒入时，冰块不会越来越冷，而饮料也不会越来越热，正如我们所看到的那样，这似乎是合乎逻辑的，也是自然的。另外，当我们口渴的时候，相反的情况也是一件麻烦事。加冰后的软饮料会升温，不！

这意味着，宇宙中存在着不可逆的过程，其中大部分过程只能朝一个方向发展，没有反向。冰永远不会自发地在饮料中重新冻成块，溶解的糖块也永远不会恢复原形，无论我们如何向相反的方向推动瓶子。是什么使某些不可逆的过程只能以一种方式发生，而不能以另一种方式发生呢？

这一切都与热力学第二定律有关，它是宇宙中最重要的定律之一，可以解释很多问题。在这一定律中，还有一个看起来很神秘的术语：熵。虽然宇宙的能量保持不变，始终如一，但熵却不同：宇宙的熵始终在增加，从未减少。什么是熵？它是一个系统无序程度的度量。以冰和汽水为例，冷的分子比热的分子更有序，因为热的分子会向各个方向大量移动。当它们聚集在一起时，无序性必然增加，因此冰会融化，失去其有序结构。系统的总熵就会增加。当燃烧一块从地底深处挖出的煤炭时，它失去了有序性，变成了热量——一种更无序的能量形式。

这种不断增加的熵是导致不可逆过程存在的原因，比如冰块在饮料中融化，或者玻璃杯掉到地上摔成无数碎片：它不可能自发地复原，就像什么都没发生过一样。在这些过程中，熵已经增加，而且不可能减少，没有退路。另一方面，可逆过程是指熵不会增加，但也不会减少（正如我所说，这是不可能的），只是保持不变。在现实中，可逆过程非常罕见，例如，无摩擦运动，不会损失热量。在物理学家的头脑和计算中，这些通常是理想化的情况，而我们生活在一个不可逆的世界里。

熵也是机器无法将所有能量转化为运动的原因：摩擦总是会产生热量，在这个过程中，熵会增加。不幸的是，效率永远不可能达到百分之百，总会损失一些东西：熵告诉我们，并非所有能量都是可用的。多年来，发明家们一直试图制造一种永久移动装置，一种无须获得新能量就能永远运动的装置，一种能反复循环利用自身能量的装置，但这是不可能的：能量总是在消失，以热量的形式流失，增加了熵的熵值。钟摆总会停止。无论我们在地球的哪个角落，都无法摆脱摩擦。迄今为止，我们还没有发明出永动机，摩擦使永动机无论多么小型都不可能成为现实。我们还没有也不可能设计出可以重复且永无休止的运动方式。最轻微的摩擦，无论多么微小，都会使我们不可避免地在运动过程中损失一小部分能量……永动机的存在违背了自然界最重要的规律之一。有时候，我懒得整理床铺，因为无序总是会加剧，而为了恢复秩序，就必须付出更多能量（在这种情况下，就是整理床铺）。到头来，整理床铺并没有任何作用。归根结底，熵就像青少年的房间一样，总是趋向于最大可能的无序。请原谅，这个例子在科学上并不准确，却非常形象。而且，在大多数情况下，它似乎是正确的。

熵的概念是毁灭性的：它注定了我们生活在一个无序性一直在增加的宇宙中，而这个宇宙正在不可阻挡地接近所谓的热死亡，那时所有的能量都已退化，熵达到最大值。所有能量都均匀地分布在空间中，无法从一个地方流向另一个地方，无法产生生命或运动。一切都将静止和死亡。寒冷。永恒的寒冷……是的，这很可怕。但它会发生，而时间会流逝，终究所有的瞬间都将消失在时间的长河中，就像雨中的泪水（化用自《银翼杀手》）。

熵的概念也与生命有关，与我们和同我们一起生活在这个星球上的其他生物有关。如果熵和无序总是趋于增加，那么作为高度有序生物的生命体怎么可能存在呢？为此，我们需要摄入能量，我们从食物和呼吸中获得能量，这是一场与熵的持续斗争。就像我们在铺床时消耗了能量，但床总是铺不好。最后，当我们死去时（因为我们都会死），躯体会平静地休息并慢慢腐朽分解：我们曾建立的秩序将融回普遍的无序之中。请记住，我们是能量，我们是星尘。

热力学的第三条定律并不算广为人知，但也极为重要，它与温度有关。如果我们之前了解到，物体的温度与动能（分子的运动）有关……如果它们绝对静止，会发生什么呢？那么物体的温度就是绝对零度。当我们冷冻物体时，其分子会失去动能，运动得越来越慢。如果能让它们完全停止，它们就会处于绝对零度。当然，绝对零度并不等同于摄氏零度，摄氏零度是水变成冰的温度。冰分子并没有冷到不动的程度。绝对零度，即 0 开尔文，是熵的零点，也就是绝对的有序，所有熵都是从这里开始测量的。实际上，绝对零度是零下 273.15 摄氏度。非常冷。冷到热力学第三原理指出绝对零度是无法达到的（尽管可以非常接近）。

2014 年，意大利核物理研究所格兰萨索实验室宣布了一项世界纪录。科学家们成功地将重达 400 千克的 1 立方米铜降到了接近绝对零度的温度。这种材料的温度达到了 6 毫开尔文（零下 273.144 摄氏度）。在为期 15 天的实验中，他们骄傲地说，他们正站在宇宙中最冷的立方体面前。

太阳，
主要的
能量来源

我们使用的大部分能量都以这样或那样的方式从太阳中获取。尽管在我们看来，太阳是一个非常重要的存在，它每天都从天空中划过，古代文明将它视为强大的神，但事实上，它只是一颗普通的恒星，不太大、不太冷、也不太热，迷失在银河系的边缘。不过对我们来说，它仍然是基础的能量来源：在它的内部，在高压和高温（高达1 500万摄氏度）下，能量在将氢原子聚合为氦原子的剧烈热核反应中产生。能量以光子的形式释放出来：只需要几秒钟。但能量大约需要一万年的时间离开太阳，因为太阳是一种非常稠密的等离子体，路径非常不稳定，但一旦释放，大约8分钟就能到达地球（当然是以光速）。

因为如果太阳"熄灭"[2]，我们需要8分钟才能注意到。这就是它的最后一个光子到达我们这里的时间。因为每当我们仰望星空时，就仿佛回到了过去。我们每晚在天空中看到的许多星星，可能早在几千年前就不再闪烁了……对我们来说，它们是我们现实生活的一部分，但它们已不复存在。我一直觉得这很令人不安。这让人明白，我们所感知的现实是多么反复无常。我们看到的、感受到的，可能并不完全真实，而只是我们如何去感知它或不去感知它的产物。一旦进

2　当恒星"熄灭"时，我们可不想靠近它……一个由欧洲南方天文台支持的国际天文学家小组在2013年声称，许多恒星的死亡并不像人们之前认为的那样具有暴力性和破坏性，它们中的很大一部分可能会在数十亿年的渐进过程中，慢慢地、平静地结束自己的生命，冷却下来，燃烧能量，直到永远熄灭。因此，超新星是个例外。只有最古老的（第一代）恒星才会最终爆炸，成为红巨星。

田 T

入地球，这些光子就会被植物捕获，植物通过光合作用将光能转化为化学能。植物从阳光中获取能量。而我们和地球上所有草食性生物都以植物为食，从构成植物的化学键中获取化学能。我们吃的动物是由植物供能的，而植物又是由太阳供能的，或者从其他动物身上获取能量。这就是食物金字塔，是一个完整的链条。

化石燃料，如天然气、煤炭或石油，由数百万年前的有机物组成，这些有机物在一定的压力和温度条件下被保留在地壳中（我们称之为化石）。这些化石是大量产生的（例如煤炭，产生于大约 3.5 亿年前的石炭纪），而且我们仍在依赖它们。尽管我们知道它们总有一天会枯竭，更严重的是，它们是我们至今仍在使用的主要能源。人类的未来岌岌可危，因为人类活动导致了气候的变化。我们必须寻找替代方案，否则这将是一场通往深渊的竞赛。

如果说每个时代都以某种能源为特征，那么当前的时代应该是可再生能源的时代，而可再生能源也主要来自我们的恒星：太阳能被光伏电池捕获，而来自风或海洋的其他能源也依赖于地球表面的太阳能变化，从而产生风和洋流。地热能最初也来自太阳，其原理基于地壳两点之间的温差，即地表与更深、更热的点之间的温差。生物质和生物燃料是有机物，但不如木材或作物残渣等化石燃料古老。通过燃烧，我们可以获得热能。生物燃料（如生物乙醇、生物柴油）在燃烧时也会排放二氧化碳，但由于其来源的植物在生长过程中已经吸收了二氧化碳，因此在总体平衡中被认为污染较少。还有一个问题是，生物燃料作物所需的大量土地会占用粮食作物的生长空间，有时还会造成热带森林被砍伐。我们当前面临的挑战是如何增加可再生能源的产量，并充分利用这些能源。我们甚至在人工光合作用方面取得了进展，这在几十年前看来似乎是不可能实现的。浮游植物[3]几千年来一直在做同样的事情，但现在的工业工厂也能做到了。

我们如何
管理能量

　　能量的历史与机器和技术的历史息息相关。在工业革命之前，世界的动力主要来自人力或动物提供的能量。比如耕地由农民和牛完成，制造工具主要靠工匠。但也有例外，因为可再生能源并不像能源公司的广告宣传的那样新奇。例如，水力磨坊或风车磨坊在17世纪就已经在拉曼恰地区出现，西班牙文学中最著名的骑士——机智（但不太理智）的贵族堂吉诃

3　我们极少注意，但由于它们的光合作用，这些微小生物（处于海洋生态系统食物链的底层）每年产生的氧气占释放到大气中的氧气总量的50%～85%。这就是保护海洋的另一个理由。

德——就骑着马在那里与它们搏斗，以为它们是巨人。也许他只是一个疯狂的气候变化否认者，谁知道呢。

我已经告诉过大家，随着工业革命的到来，人类历史上一个伟大的转折点出现了，世界开始变得不同。当科学家们（如卡诺、克劳修斯、焦耳或亥姆霍兹）开始观察热力和机械运行中的能量现象时，之前描述的热力学定律也再次得到阐释。

物理学家迈克尔·法拉第在19世纪初发现了电磁感应定律。他观察到，在导电材料（如铜线线圈）中转动磁铁，材料中就会产生电流。第一台发电机就是以这种方式工作的，即用手转动磁铁，连续转动手摇柄。换句话说，这是一种将圆周运动（转子中磁铁的圆周运动）转化为电能（定子中围绕磁铁旋转的导线或线圈中的电能）的方法。例如，当自行车、摩托车或汽车行驶时，通过这种方式，车轮产生的旋转会导致磁铁转动，从而将动能转换成电能（在这种情况下，通过电磁感应产生交流电，因此被称为交流发电机）。这些电能可以为某些系统供电，比如前大灯、仪表盘指示灯或自动打开行李箱。我小时候的自行车上就有一个，不过我们误把它叫作直流发电机（原理相同，但产生的是直流电，而不是交流电）。

法拉第的发现为电能的利用打开了大门，至今，电能已从根本上改变了世界。例如，在火力发电站中，通过燃烧煤或天然气可以加压蒸汽，这种加压蒸汽能驱动涡轮机，涡轮机在旋转过程中转动磁铁，正如法拉第所指出的那样，磁铁的运动会产生电能和电流。蒸汽随后进入冷凝器，重新变成水，再次开始循环。

原理总是一样的——旋转磁铁发电，问题是我们如何让磁铁旋转。只有获得电能，我们才能打开电视或微波炉。在污染较少的水电站中，水流被用来推动涡轮机并产生电能。在风力涡轮机（也就是你在乡村看到的那些巨大造型的风车）中，风带动叶片转动……通过法拉第定律，我们获得了电能。

下一步的挑战是如何将其储存起来，全球范围内的工业化生产是一个极其昂贵和复杂的过程。正因如此，近年来电池工业和科学家对它的兴趣都呈指数式增长和发展，特别是在可用于制造电池的不同化学元素方面。尽管这再次给镍、锂、钴、锰等金属的供应带来了重大问题……以及由此引发的价格战……例如，1吨钴的价格约为3万欧元，这就是市场，朋友们。幸运的是，目前科学家正在研究钠电池，因为钠电池的成本更低，钠资源更丰富，更惊人的是，科学家还研究出主要活性成分为甲壳素（甲壳类动物外壳的成分）、香兰素（赋予香草风味和香气的有机化合物）、木质素（植物界最丰富的有机聚合物），甚至鱼的胶原蛋白的电池。毫无疑问，这样的原材料更便宜、更可持续，尽管在这一点上，我总是怀疑我们对地球负责的能力，而不是对控股公司和大型跨国公司经济利益负责的能力……

使用化学能的发动机则与之相反，例如使用汽油驱动车轮的汽车发动机。通过一定的机械化过程，如之前描述的那些机制，我们正在驯服能量，学会了如何按照我们的喜好转化并充分利用能量。

原子能量

核能并非来自太阳（甚至恰恰相反），而是隐藏在原子核中，即构成化学元素和物质的"乐高积木"。它是宇宙中最基本的能量，而且极其强大。我们人类研究试图达到这些细微的程度，以释放能量，而这些能量同时也蕴藏着毁灭我们人类的力量。

这一切都源于19世纪末，法国物理学家亨利·贝克勒尔在研究荧光现象时发现了一种神秘的辐射，这种辐射来自铀，它能像在此之前不久发现的X射线一样打印照相底片。这是一次纯属偶然的发现。这种辐射最初被称为贝克勒尔射线，后来欧内斯特·卢瑟福和居里夫妇（皮埃尔和玛丽·居里）等其他科学家也偶然发现了它。他们观察到，这种元素的天然放射性比X射线更为复杂（X射线只是一种高频电磁辐射，能量非常高）。天然射线有 α、β 和 γ 三种类型，人们很快在钍、钋或镭等其他元素中也发现了天然放射性，但它们的天然放射性是不同的。它起源于原子解体时的原子核——不稳定的原子核变成更稳定的原子核，失去质量并发出辐射。通过释放这种核辐射，一个原子变成了另一个原子，一种元素变成了另一种元素。这有点儿像古老的炼金术士将一种元素转化为另一种元素的假想，尽管规模不同。核能可能会带来比魔法石更多的成果（以及后果）。除了原子质量为84的钋之外，其实所有元素的原子核都可能不稳定，因此都具有放射性。

核能通常通过两种方式产生。第一种是核裂变，即重核原子一分为二，释放能量。当一个中子射入原子核时，裂变就开始了，这个原子核变得不稳定，并裂变成两个更稳定的原子核。随后会产生几个中子，当它们与其他可裂变的原子核碰撞时，会引发进一步的裂变反应。继而，这些反应又会产生更多的中子，撞击其他原子核，如此循环。这就是所谓的链式反应。第二种方式是核聚变，即两个轻核的聚变，也会产生能量。这是宇宙中最常见的反应，因为它发生在恒星内部。能量的释放可以是可控的，如核电站反应堆；也可以是不可控的，如核武器。

如果核反应能释放能量，那么这些能量就可以为人类所用。这些能量是巨大的，因为爱因斯坦发现，它遵循著名的质能方程$E=mc^2$，这个方程式可以在许多海报和 T 恤上看到，几乎成了流行元素，不过它的确意义重大。这个公式告诉我们，从物质中可以获得巨大的能量。或许人类的天性就是喜欢暴力，因此在第二次世界大战期间，统治我们的人首先想到的就是制造原子弹。爱因斯坦本人在 1939 年 8 月 2 日致美国总统罗斯福的一封信上签了名，信中解释了这种能量形式的巨大威力、在铀中引发链式反应的可能性以及在反法西斯战争时期将其用作强大武器的可能性：纳粹政权很可能正在研制自己的核弹，因此需要先发制人。信中说："一枚这种类型的炸弹，只要装在船上，在港口爆炸，就能摧毁整个港口和周围的部分领土。"罗斯福考虑了爱因斯坦的信，启动了美国的核计划——曼哈顿计划。

但这并不是因为爱因斯坦对它的制造有什么特别的兴趣，而是作为对美国政府的一种警告。当时，他的一位同事、匈牙利物理学家利奥·西拉德警告他说，德国人正沉浸在他们的研究中，并恳求他帮助自己联系富兰克林·罗斯福。

这封密信获得了成功，曼哈顿计划由此诞生，这是一个庞大的集体科学项目，涉及 13 万人（其中许多是逃离纳粹德国的科学家），当时耗资 20 亿欧元。在本章开头提到的核物理学家罗伯特·奥本海默的科学指导下，曼哈顿计划在美国和加拿大约三十个地点实施，但其主要总部设在新墨西哥州的洛斯阿拉莫斯实验室。该大型项目的目标是制造一枚铀弹和一枚钚弹。其中一个绊脚石是，自然界中的矿石含铀的比例只有0.7%，即可以裂变的部分，而制造第一枚原子弹需要89%的可用浓缩铀。浓缩铀如此难以获得，正是阻碍原子武器普及的原因。在铀弹的设计中，两块材料碰撞后会发生链式反应和爆炸。而钚弹的设计则使用网球大小的钚块，并在其周围产生爆炸，使钚被压缩并发生裂变。

爱因斯坦的朋友莱纳斯·鲍林，诺贝尔化学奖得主，后来在1962年又获得了诺贝尔和平奖。他在一封信中透露，爱因斯坦在那之后一直充满了罪恶感。爱因斯坦在写给鲍林的一封信中写道："也许你可以原谅我。"

冷战

从那时起，核能继续沿着两条道路发展。一些国家开始走上核军备的道路，进行疯狂的军备竞赛，目的是阻止对手首先发动进攻。冷战期是非常复杂的时期，苏联和美国之间有可能爆发核战争，两国都在研究洲际导弹和核潜艇。1962年的古巴导弹危机是最危险的时刻，当时苏联在加勒比海岛上部署了针对美国的导弹，而美国也在土耳其部署了同样的导弹。幸运的是，在局势达到高度紧张之后，问题最终通过外交途径得到了解决。当时，人们研制出了氢弹，氢弹不是基于核裂变，而是核聚变，在高压和高温下发生，就像在恒星中一样，却不那么浪漫。氢弹的威力比第一颗核弹大一千倍。

此时，墨菲定律开始发挥作用。是的，如果情况可能变得更糟，那么它就会变得更糟。人们开始研究钴弹，也就是所谓的脏弹，其目的不仅在于爆炸的破坏性，还在于释放大量 γ 射线，影响受害者的身体，并使被炸地区几十年无法居住。事实上，情况确实越来越糟。

刻画原子弹爆炸的愚蠢和核战争危险性的电影并不算少。1964 年，斯坦利·库布里克为我们带来了《奇爱博士》，这是电影史上对冷战和原子弹危险性最辛辣的讽刺。1991 年，奥利弗·斯通在电影《肯尼迪》中呼应了古巴导弹危机。1983 年，《战争游戏》以机器接管世界这一毋庸置疑的威胁为主题。数以百计的电影都以这样或那样的方式将核威胁作为灵感来源，但并不总是得到应有的尊重。

如今，九个国家拥有超过 14 000 件核武器，其中 92% 由美国和俄罗斯占有。国际上已经达成了核裁军协议，但这些协议并没有充分发挥作用（有核国家往往不遵守这些协议），我们可能永远无法摆脱这种对文明的威胁。爱因斯坦也曾说过："我不知道第三次世界大战将用什么武器来打，但第四次将用棍棒和石头来打。"另外，核能的和平利用开始于核电站，尤其是在1973年石油危机之后，当时燃料价格急剧上涨，以抗议以色列与叙利亚和埃及之间的赎罪日战争。

替代方案

技术带来的并不都是坏消息。技术不一定是敌人，人类及其本性才可能使技术成为迫在眉睫或无法解决的威胁。在核电站中，核反应堆利用铀235（未浓缩）等放射性物质进行受控链式反应。这些反应产生大量热能，可持续长达三年。接下来的过程并不太新奇，与燃煤、燃油或燃气发电厂类似：热能可以加热水，水被转化为高压、高温蒸汽（自工业革命以来，我们一直在使用这种蒸汽），蒸汽驱动涡轮机，进而产生电力，家庭和工厂就可以使用这些电力。

当然，它也有缺点，这就是为什么自20世纪70年代以来，核电站一直受到强烈的反核运动的冲击，因此才有了"核电？不，谢谢"的口号。其中一个缺点就是安全问题：核电站一旦发生事故，就可能酿成大祸。1979年，美国三里岛核电站的反应堆堆芯发生部分熔毁，危及附近200万居民。幸运的是，放射性物质的泄漏被及时避免了，整个事件只是一场小恐慌。真正的灾难发生在1986年的苏联切尔诺贝利核电站，当时堆芯熔化并释放出覆盖整个地区（可能更糟）的放射性云层，甚至影响了欧洲一些地区。最近一次备受瞩目的事故发生在福岛核电站，事故原因是2011年日本海岸附近海域发生地震，引发了高达15米的海啸。巨浪中的水淹没了冷却核电站的发电机，使其无法使用，导致四个反应堆爆炸。反应堆过热，并引发了三次强烈爆炸。19 000人在这场海啸与核灾难的悲剧中丧生。除了可能发生的事故（幸运的是，这种事故并不频繁），最大的缺陷是核废料，其辐射对人类健康有致命的威胁，而且无法在合理的时间内处理（可持续数十万年），因此必须将其储存在地下核设施中，周围有天然和人工屏障。从长远来看，这似乎不是一个安全和可持续的选择。因此，可以理解的是，无论在哪里建立这种设施，都会引起民众的强烈反对。这种复杂而强大的能源生产方式前景如何？德国已经停止制造核能（因此对俄罗斯天然气的依赖程度超过了预期），许多国家也在重新审视本国的能源政策。有人说，核能是一种绿色能源，因为它在生产过程中几乎不排放温室气体，是一种能让我们摆脱气候变化问题的清洁能源。但是，正如我们看到的那样，核能的污染性和危险性太大了，我们无法愉快而无忧无虑地使用核能。那我们该怎么办？核能带来的威胁是否真如最初预测的那样？

手指交叉祈求好运

2046年8月3日　下午12时26分

（格林尼治标准时间）

2046年8月3日。我又回想起那个命运攸关的日子。几天后，就在几天后，如果我们找不到解决方案，世界上大多数核电站的堆芯冷却系统将停止工作，燃料温度升高，直至最终熔化，造成所谓的堆芯熔毁，就像2011年发生在福岛的那样。在堆芯熔化过程中会产生氢气，氢气与氧气和热源结合在一起极容易爆炸，会对核反应堆安全壳厂房造成破坏，并促进放射性物质的释放。三里岛核电站没有发生这种情况，但福岛发生了。这是化学爆炸，而不是核爆炸，不过同样引起了恐慌。

安全壳厂房非常坚固耐用，并配有被动消除氢气的系统，即无须电力供应，氧气和氢气通过名为重组器的装置混合，在催化剂的作用下生成水。

在当前情况变成那样之前，最好的办法是利用柴油发电机自动从反应堆中提取燃料，并将其转移到反应堆中。这项工作可以在一周内完成。进入燃料池后，燃料上方至少有7米高的水域，人员防护和冷却通过两种方式得到保证。第一种方式需要电力供应，由水池自身的冷却系统提供。第二种方式是供应蒸发水。

为了实现这一目标，工厂有多种水源，其中有几种不需要电力供应，因为水是靠重力或消防车供应的（不过现在已经排除了消防车供水的可能性）。让我们交叉手指祈求好运吧。

我现在一点也不乐观。

Chapter 7

———

窥探生命分子的内部：生物和技术之间的相互作用

虽然一提到技术，我们就会想到电路、螺丝、冷金属、电流、像素、机车或兆字节，但事实上，技术也可能和非金属或只有少量金属的元素有关，比如我们自身的细胞或我们食用的植物种子。例如，20世纪60—80年代的"绿色革命"就是一次备受争议的农业技术飞跃，它使粮食产量实现了前所未有的增长。不过，生物技术让生命参与寻找解决方案，而同样备受争议的基因工程则提供了充满光明和阴影的可能性。医学帮助我们提高生活质量，延长寿命，除此之外，技术也发挥着越来越重要的作用。

绿色革命

亚利桑那州以南几百千米处的墨西哥亚基河谷是一个有些荒凉、干燥、尘土飞扬的地方，在河谷之外并不为人所知。亚基河谷实验站曾是一个强大的农业研究中心，但到20世纪中叶已完全衰落。它的窗户破损，田地里杂草丛生，围栏倒塌，老鼠猖獗。这里曾经是一个生机勃勃的科学中心，牛在这里繁衍生息，橘子和无花果在这里生长，如今却被遗弃和遗忘。

在这样的环境条件下，年轻的美国植物病理学家诺曼·博洛格来到这里，他决心在洛克菲勒基金会的支持下重新开始研究。离开妻子和女儿之后，他立志让小麦能够抵抗一种叫茎锈病的疾病，这种真菌会毁坏庄稼，危及人们的粮食供应。他能支配的资源不多，但他最终被称为"拯救了十亿人生命的人"。

1967年，威廉·帕多克和保罗·帕多克兄弟出版了一本书，书名危言耸听——《1975年饥荒！》。他们写道："人口膨胀和静态农业之间的碰撞迫在眉睫。""结论很明确：不可能很快改善农业以避免饥荒。"许多专家对此表示担忧。当时，世界人口增长率约为2%，可能是人类历史上最高的。在一些发展中国家，如埃及和巴西，增长率接近3%。而农业的增长速度却不尽相同。保罗·埃利希在另一本书中称此为"P炸弹"，即"人口爆炸"。他写道："养活全人类的斗争已经结束。"他认为，到20世纪70年代，全世界将有数百万甚至数亿人死亡，他在多个电视节目中讲述了这一故事，他的书卖出了200多万册。

今天，尽管在我们看来，像西班牙这样的国家并不缺食物，甚至生活在极端贫困中的人们也能吃到食物，但养活世界人口却并不容易。20世纪70年代，人们认为，由于人口数量的激增，并不是每个人都能有足够的食物，甚至会出现更大的饥荒，这与经济学家托马斯·马尔萨斯在19世纪的预言相类似：人口以几何级数增长，而粮食仅以算术级数增长。如果坐以待毙，就会出现粮食危机，食物的供应无法满足人的需求。马尔萨斯的预测并不完全可靠，因为他没有考虑到技术进步或出生率下降等因素。然而，在印度或巴基斯坦等国家，人口增长速度确实超过了粮食生产速度。

当然最终，帕多克和埃利希的预测是错误的，这部分要归功于博洛格。在墨西哥的山谷里，他与墨西哥科学家团队一起，设计并"想象"出了各种方法来养活全世界的人口。在没有几十年后才出现的基因测序技术的情况下，他历经数年，煞费苦心地测试了数千种小麦栽培品种，直到成功培育出抗锈病作物。他用古老的方法进行品种杂交，观察产生的积极结果，以便改进。除了培育出抗锈病的小麦，他还提高了作物产量：大自然在博洛格的引导下，将更多的能量投入谷粒（可利用的部分）上，而不是茎秆（不适合食用）上。这位科学家走遍世界各地，到巴基斯坦和印度等地推广他的小麦品种和种植方法，试图找到答案。他坚信，作物产量可以翻几番。在彻底改变了小麦种植之后，他又对玉米和水稻（地球上最重要的作物），进行了同样的改造。20世纪下半叶，世界谷物产量增加了两倍，而使用的耕地面积几乎相同。这样，他在很大程度上缓解了迫在眉睫的饥荒。由于他的贡献，这位植物病理学家于1970年获得了诺贝尔和平奖。诺贝尔和平奖评委会说："博洛格为饥饿世界提供面包的贡献超过了这个时代的所有人。"我觉得博洛格还不够广为人知。

后来，美国国际开发署前署长威廉·高德创造了"绿色革命"这一史诗般的术语。1968年，他在谈到他所处时代的一些重大政治发展时说，农业领域的这些发展和其他发展蕴含着新革命的要素。它不是像苏联那样的红色暴力革命，也不是像伊朗国王那样的白色革命，而是"绿色革命"。在这一过程中使用的一些技术，如工业拖拉机或农药，来自第二次世界大战中产生的军事工业向民用目的的转变。例如，拖拉机的设计借鉴了坦克设计的知识。与此同时，为开发投在广岛和长崎的原子弹而诞生的核工业也转向了虫害控制技术，包括用辐射对标本消毒，或利用核消毒技术对食品保鲜。

绿色革命包括发现和使用抗病性更强、产量更高的谷物新品种，以及农业机械化、灌溉、为单一谷物开辟大面积种植区、使用大量的水和化肥以及杀虫剂。总之是农业工业化，其产量远高于传统方法和品种，同时也不可避免地吸引了大公司的加入。洛克菲勒基金会就是最先加入的。新谷物需要大量的化肥、杀虫剂和水，与其说是贫穷的农民从中获益，不如说是这些大公司能够持续投资。农场变得更大，机械化程度更高，不平等再次加剧。

由于诸如此类的后果，绿色革命遭到很多批评。印度活动家和物理学家凡达娜·希瓦是反对绿色革命和转基因食品斗争中最著名的人物。她反对的理由主要包括，这场革命消灭了生物多样性，消灭了小农，把粮食变成了三四家跨国公司利润丰厚的生意。还有人说，从营养角度看，绿色革命中使用的品种并不好：它们的蛋白质含量低，碳水化合物含量高，也就是说，类似"只要是头大驴，不管会不会走路"这样的东西，即使这有助于缓解即将到来的饥荒。有毒化学品的使用或基因改造的问题没有得到广泛传播，这种集约型农业还使用了大量的水和燃料，这一点也没有向大众广而告之。杀虫剂和化肥的大量使用已使许多土壤贫瘠化，微生物活动减少，生活在那里的动物也随之减少，地下水也可能受到污染，生物平衡遭到破坏。

应对这种新型农业模式产生的害虫的一种方法是合成杀虫剂。1962年，蕾切尔·卡森出版了一本名著《寂静的春天》，她在书中严厉批评DDT（二氯二苯三氯乙烷）和其他杀虫剂的使用，有力地推动了环保运动，提高了公众对环境问题的认识。卡森成了化学工业诽谤的对象，被打成危言耸听的疯女人，一个想让害虫重新主宰地球的女人。但DDT最终在美国被禁用，环境保护局也应运而生。有人说，正如我在前面提到的，绿色革命甚至加剧了不平等和贫困，因为推广的化肥和灌溉系统并不是所有农民都能负担得起的，这使得小农户与大农户相比处于不利地位。现在的农业技术更多地与基因改造有关，比博洛格使用的方法先进得多：通过操纵基因，可以获得抗病、抗除草剂或抗虫的转基因物种。一些人认为这些方法是以生物技术和基因工程为基础的第二次绿色革命。转基因生物是在实验室中利用技术创造出来的，这种技术可以将含有某种特性的基因从一种生物转移到另一种生物。这就改变了生物体的天然基因组，而天然基因组是决定每个生物（无论是我们、仓鼠，还是玉米）特性的一组基因。这种技术也经常出现在科幻电影中。

　　尽管发生了上述革命，世界上的饥饿现象依然存在，但这与缺乏农作物无关，而是与分配、贫困、政治不稳定或武装冲突等问题有关。然而，有人说第二次绿色革命或绿色革命2.0需要尽早进行，因为人口仍在以惊人的速度增长（到2050年可能达到100亿），与农业生产不成比例。发展中国家对肉类的需求与日俱增（肉类是一种资源密集型食物来源，喂养一头牛需要大量谷物），而气候变化可能会在未来几十年使肉类产量减少（大规模农业活动本身会加速气候变化）。我们将再次面临粮食问题。

生物技术

　　什么是生物技术？虽然生物技术听起来似乎很遥远，是在遥远的实验室里进行的，实验室里有烧瓶、白大褂和黑板上写着的难以理解的公式，但我们其实每天都能接触到生物技术。如果你接种过疫苗，那么你就接触过生物技术。此外，如果你服用过抗生素、喝过酒、喝过牛奶或吃过玉米点心，那么你很难不接触到生物技术，除非你生活在与世隔绝的大自然中。生物技术就在你的生活中，并以某种方式渗透到你的身体组织中。生物技术利用活细胞操纵或开发产品，为农业、医药或环境相关问题寻找解决方案。

　　生物技术的应用领域非常广泛，事实上，生物技术通常按照颜色分类，就像飞行棋一样。例如，红色生物技术应用于健康领域，绿色生物技术应用于植物和农业领域，蓝色生物技术用于海洋，黄色生物技术应用于食品工业，白色生物技术应用于工业流程，棕色生物技术应用于兽医领域……我们还可以用你能想象到的其他颜色来表示，这可以让你了解到这门技术学科在不同领域的应用数量。

　　生物技术虽然听起来很新奇，但它可以追溯到人类文明的起源。据估计，7 000年前，某个人类将装有水和谷物的容器放在太阳下暴晒。当他意识到这一点并回去取水时，发现了第一瓶起泡啤酒。干杯！不过，你要知道，与我们今天喝的金黄色液体相比，这第一瓶啤酒要浓稠得多，也苦涩得多：我想我应该不想品尝。无论如何，从那时起，发酵过程就被用来酿造这种充满气泡的神奇饮料。发酵是在微生物、酵母菌和微小真菌的帮助下进行的，它们将麦汁中的糖分转化为乙醇（也就是让人喝醉的酒精）和二氧化碳（啤酒中的气体）。因此，啤酒以及面包、葡萄酒、奶酪和酸奶等所有发酵产品都是生物技术的结晶。这些微小的酵母菌为人类的发展和营养做出了巨大贡献，甚至为人类的盛宴增添了色彩。谢谢你，酵母。

生物技术的另一个例子是将动物作为家畜，即选择性育种，这是一种自然的基因选择，正如我们在诺曼·博洛格的案例中看到的那样，他在墨西哥选择了抗病的小麦品种，使数百万人免于即将到来的饥荒。人类数百年来一直在进行选择性育种，通过改良作物和牲畜来更好地满足人口的需求。它的基本过程就是选择最好的标本进行繁殖。例如，产奶量最高的奶牛或颗粒最大、最嫩的玉米：这些都是能够繁衍后代的品种。因此，随着时间的推移，人类在田间地头和马厩里，通过选择基因驯化了无数的天然产品，而不需要重大的技术应用或先进的实验室。

英国医生兼科学家亚历山大·弗莱明在一次所谓的"偶然发现"过程中，注意到一个被他遗忘的细菌培养物中生长出一种真菌。那是 1928 年 9 月 28 日，这种名为"青霉"的真菌正在分泌一种物质,可以杀死它周围的葡萄球菌。就这样,青霉素诞生了,抗生素拯救了数百万人的生命。我们现在生活在一个令人担忧的时代,因为抗生素耐药菌株(让我们失去抵抗力的超级细菌)越来越频繁地出现,而另一方面,当我们缺乏抗生素时,会更加感激弗莱明的发现,他曾于1945年获得诺贝尔医学奖。

20世纪60年代,当分子生物学和遗传学取得重大突破时,我们今天想象中的生物技术开始加速发展。在那之前几年的1953年,沃森和克里克向世界展示了他们的伟大发现:DNA分子的双螺旋结构,它就是我们身体的"代码"。我们每个细胞的细胞核中都有2.5米长的DNA,它们被精心包裹在染色体中,只占据了6微米的狭小空间。人体中的每个细胞都包含完整的基因组,这些信息创造了一个人,并控制其新陈代谢和化学过程。科学家们迅速展开研究,以取得新的发现和突破。如果我们知道生命指令书所使用的语言,就可以开始修改它。基因工程是一门学科,它使在实验室中操纵DNA(而不是通过选择性育种)和混合不同来源的基因成为可能。

DNA重组技术是这方面最负盛名的技术之一,在不同领域结出了累累硕果。这项技术正是将重组DNA分子引入生物体内。DNA链被酶切断,然后在其他地方粘在一起,就像我们编辑赛璐珞胶片一样,也就是我们每天在文字处理器或互联网搜索引擎中进行的那种"剪切和粘贴"。不过，这次用的是基因而不是文字。改变细胞的说明书会产生不同的结果，换句话说，它会导致接受它的生物体的某些特征发生变化。抗真菌或细菌的植物、前面提到的著名的转基因产品、不同疫苗的开发以及胰岛素或生长激素等药物的生产都是这样产生的。例如，胰岛素是通过将某些动物基因植入细菌而产生的，细菌根据这些指令为我们生产胰岛素。第一种转基因吉祥物是荧光鱼，这种鱼在黑暗中能发出明亮的荧光。它们是通过将生物发光水母基因植入斑马鱼体内而获得的。就我个人而言，我认为这种将如此基础而细微的东西进行修改的方式可以说是很吓人的。

　　我举一些常见的例子，在农业领域，转基因玉米中添加了苏云金芽孢杆菌的基因。这种细菌产生的蛋白质能保护植物免受某些昆虫的侵害。有了这种原本不属于自己的基因，植物就能免受昆虫的侵害。反对意见之一是，这种植入的基因反过来会转移到自生物种上，其影响难以预测。

　　例如，法国和德国禁止可以在西班牙种植的转基因玉米在其国内种植，因为担心会影响土壤中的其他益虫。转基因植物释放的花粉无法被控制，难免会污染非转基因植物。因此，在美国和阿根廷，杂草开始对与转基因作物相关的除草剂产生抗药性。众所周知，由于上述原因，人们对转基因生物普遍存在争议。例如，强大的环保组织"绿色和平"已经向转基因生物宣战。有的人发出警告，不能玩弄食物。

基因工程在健康领域也有有趣的应用（下文将讨论），即所谓的基因疗法，这是一种通过用功能基因替换缺陷基因来治疗由缺陷基因引起的遗传疾病的方法。通过这种方法，免疫缺陷或囊性纤维化等疾病可以得到一定程度的控制。

你听说过益生菌吗？益生菌是在食品中添加微生物的生物技术，目的是改善人们的健康。最常见的可能是那些旨在改善肠道菌群的益生菌，也就是那些帮助我们正常消化的细菌。你肯定喝过声称含有某种细菌的酸奶。化妆品界也广泛使用了生物技术，特别是在面霜和化妆品中加入酶，以保护皮肤免受阳光伤害和污染。该行业传统上使用的一些以石油制品为基础的化学品已被从转基因生物中提取的其他化学品所取代，这对环境产生了积极影响。洗涤剂还利用生物技术来减少污染：开发的酶可以在不使用磷酸盐的情况下去除污渍，从而取代了洗涤剂中污染最严重的成分。

另一个有趣而广泛的应用是克隆。在许多物种中，无性繁殖自体克隆是很正常的，就像细胞自我复制一样，克隆是生物的完全复制。生物越简单，克隆就越容易。在人类和一般哺乳动物中，这种情况并不常见。1996年7月5日，绵羊多莉诞生了，它是第一个通过体细胞核移植克隆的哺乳动物，而在此之前，植物和蝌蚪也被克隆过。多莉引起了全世界媒体的关注，根据这一过程，多莉与供体绵羊完全相同：从一只绵羊（遗传母羊或供体）身上取下一个上皮细胞（构成器官和腺体的那种），然后取出整个细胞核，也就是DNA所在的地方。从另一只母羊身上取出一个卵子，然后取出细胞核。最后，将第一只母羊的细胞核植入被取出的卵子中。这样就产生了一个人工的、实验室培育的合子。这个合子成为胚胎，然后被放入母羊体内。出生的小羊与遗传母亲（提供细胞核的母亲）一模一样。克隆技术的应用是毋庸置疑的。如果找不到合适的肝脏来移植，就用病人自己的肝细胞克隆，不会产生排斥反应。在这一点上，下一个令人不安的问题是我们能否克隆出一个完整的人。也许可以，但在这里我们遇到了科学伦理的限制和生物伦理的争论。我们也不清楚克隆人是什么样子，为什么要克隆，克隆人是只复制肉体还是也能产生同样的意识。[4]迈克尔·贝2005年执导、伊万·麦克格雷格和斯嘉丽·约翰逊主演的科幻电影《逃出克隆岛》让人想起了《美丽新世界》一书，里面已经开始思考克隆

4　2020年的电视剧《副本》第二季甚至提出了这样的想法：可以将存储在数字媒介上的记忆和意识从一个人转移到另一个人，从而寻求永生。这听起来令人不安。

人在人类生病时作为替代品的可能性，这引发了无尽的伦理问题：克隆人不会只是一个"空洞"的躯体，而是会有自己的感觉和思维，会有自己的意识。克隆人虽然在我看来极其自恋，但如果一个人想拥有一个与自己极其相似的朋友，并在对方的陪伴下感到快乐，那么克隆人不失为一个可以考虑的解决方案。尽管我坚持认为，这个想法极其自恋。

始于20世纪90年代的人类基因组计划成功绘制了我们所有的基因图谱，并制作了人类完全说明书。2003年，在发现DNA仅仅50年之后，基因组测序完成。得益于基因组测序，我们现在可以非常精确地知道多种疾病的基因来源，并开始寻找解决方案。随着我们揭开DNA的神秘面纱，找到更多可能的应用领域，我们还将在这一领域看到更多惊人的发展。

医学技术

医学是技术发挥重要作用的另一个领域。我们已经提到了与健康有关的生物技术应用，如疫苗、抗生素和益生菌。但是，这两个学科之间的相互关系并不仅限于此，技术还可以通过其他方式帮助我们康复或展开治疗。事实上，科技有多种用途：诊断、预防、康复，甚至更有效地建造保健中心和医院。

健康技术的早期阶段可以追溯到第一批药品的出

现，我指的不是古代使用的植物（例如巫师、德鲁伊或女巫使用的那种）。吗啡是一种伟大的止痛药，首次于19世纪初从鸦片中提取，顺便说一句，鸦片在那时候也是非常流行的精神类用品。第一批的合成药物（非天然药物，因为吗啡是天然药物）主要是镇痛药，生产于19世纪末。其他（例如用于治疗梅毒等疾病的药物）则是在20世纪初开始研究的。举例来说，用来缓解头痛的阿司匹林并不是一开始就有的，用来帮助无痛分娩或复杂脊柱手术的硬膜外麻醉也不是。如果你认识使用过硬膜外麻醉的母亲——我相信你应该认识，她会告诉你，在临产前使用硬膜外麻醉是多么令人轻松。有些产妇甚至会哭，但哭的原因是释放和喜悦，而不是疼痛。医疗技术的另一个经典案例是心脏起搏器，它于1958年首次成功植入人体。它是一种插入胸部（通常在左侧）的电池供电装置，可在心脏跳动较慢或不规则时向心脏发送电信号，从而监测心率。你看过克林特·伊斯特伍德主演的电影《战火云霄》吗？影片是这样描述的：心脏起搏器是一个硬汉，它可以保证浪漫的心脏正常工作。

我们比较熟悉的其他一些医疗技术也与影像诊断有关。谁没有拍过X光片或核磁共振成像（我拍过几次）？X射线是由伦琴于1895年发现的：它是一种电磁波。这种频率的射线能量非常高，能够穿过人体（骨骼除外），并在背面打印出带有影像的X光片。

例如，你可以通过X光片看到胫骨和腓骨骨折、胃肠道问题或某些肺部疾病，以及许多其他健康问题。伦琴本人在看到他妻子安娜·贝莎手部骨骼的X光片和她无名指上戴的戒指时也大吃一惊：这是历史上第一张X光片，虽然有些暗，但可以算是一件艺术品。由于他在这一领域的贡献，他于1901年获得了诺贝尔物理学奖。如今，X射线在生活中很常见，但人们对其使用十分克制，因为即使很小的辐射量都有致癌的风险。

但现在已经开发出了更先进的技术。其中之一就是CT（计算机轴向断层扫描），它是传统X光的三维升级版。在这种情况下，射线围绕人体旋转，以获得更有用的三维图像。核磁共振以另一种方式工作，不需要X射线，而是借助磁铁和无线电波与体内的水分子相互作用。无线电波使这些分子开始运动，并发出辐射，被设备检测到。根据分子所在组织的不同，辐射也会不同，被检测到后会形成一幅相当清晰的图像，就像把人体切成一片片面包片一样。这在观察血管、肌肉或肌腱等软组织时特别有用。不过，为了拍好照片，你必须保持不动，所以有时很难对儿童使用，因为他们通常很难安静下来。正如政治家阿方索·格拉所说："如果你动了，就拍不到照片。"

功能磁共振成像可以用来扫描大脑，它可以让我们看到这个宇宙中最复杂的器官在执行每项功能时被激活的部分：我们可以发现大脑的哪个部分参与记忆、语言或运动，或者当我们喜欢某种味道或看到我们认为漂亮的人时，哪个部分被激活。这样，我们就能更多地了解了我们的思维方式、我们控制身体的方式以及我们的意识。我们能否了解我们的大脑？换句话说，大脑能否理解自己？对我来说，这似乎很复杂，尽管在这方面的研究已经取得了一些进展。另外，由于肿瘤比身体其他部位消耗更多的葡萄糖，所以糖会被引向肿瘤。一旦放射性葡萄糖到达目的地，就可以发现肿瘤的确切位置，这就是所谓的正电子发射断层扫描（PET）技术。

另一个常见的最新技术应用是远程医疗，通过视频电话会诊，无须前往医疗中心，这对于行动不便者或老人来说无疑是非常方便的，可以避免漫长和不必要的旅途，还可以避免在候诊室度过漫长的时间。自新冠疫情暴发以来，我们或多或少都习惯了视频会议，无论是出于工作原因还是与亲人交谈，因此它不再陌生，而且与医患关系十分契合。另外，我们必须进行真实的诊断，而不是视觉判断，因此物理上的关系和三维观察非常必要。不过，病人的某些参数可以远程监测。

人工智能可以为医生提供极大的帮助。例如，IBM的沃森系统旨在做出超快、超准确的诊断。这就好比一个拥有丰富经验的医生，如果医生可以在他的记忆中存储某些东西，在他的办公室里存储几年前的东西，那么人工智能就能够在几秒钟内查看数百万份医疗记录，检测出匹配的信息。想象一下：你去医生的手术室，说出你的症状或做一些检查。所有数据输入系统后，它会立即回答你得了什么病，并给出比人类更准确的诊断，即使是再精明能干的医生也比不上。从临床数据、医学文献到人口数据，人工智能可以有效地对海量信息进行分类，并从中提取有价值的信息。其他版本的沃森系统经过放射科医生的训练（使用机器学习原则），能够比我们更准确、更高效地读取人体内部的图像。

顺便提一下，沃森人工智能之所以闻名于世，并不是因为它在分析医疗数据方面的准确性，而是因为它的部分功能，即"医疗数据分析"。那是在2001年，这台能用自然语言交流、聆听答案并用人类语言作答的机器，在摄像机和热情的观众面前击败了它的两个对手（非常自豪的是，它的程序员也在现场）。他们也是你能找到的最好的两个人类对手：一个选手赢得了最多的奖金，另一个选手在节目历史上赢得了最多的周数（他赢了75场比赛）。但是沃森拿走了那一百万美元。

在此情况下，有四个手臂的达·芬奇外科手术机器人可以帮助人类外科医生更快、更高效、更精确地进行手术，为患者提供更高的安全性。你会让机器人为你做手术吗？人类外科医生仍然在场，通过高清晰度的三维图像，在控制台上操纵机器，在机器人的帮助下实现尽可能小的侵入性干预。机器人不会失败、不会颤抖、不会犹豫，它能实时接收指令（它自己无法做出决定），并准确、坚定地再现外科医生的手、手腕和手指的动作，通常具有更大的自由度和灵活性（比腹腔镜技术更有用）。例如，机器人可用于前列腺癌、结肠癌或食道癌的手术，也可用于胸部、排泄系统或多系统病变的手术。疤痕更小、术后时间更短而且失血更少，这些都是机器人的优点。达·芬奇外科手术机器人是技术与生活互动的最新范例之一，它试图让生活变得更美好，并常常取得成功，尽管正如我们所看到的，并非总是如此。技术总是提出解决方案，同时也提出新的挑战。

你还记得电影《神奇旅程》吗？这部电影于1966年上映，上映几年后，还是个孩子的我就被它深深吸引了。影片讲述了一位科学家实现了缩小物体和生命体积的壮举，但由于一次暗杀未遂，他陷入了昏迷。为了挽救他的生命，一艘核潜艇及其船员的体积被缩小了，这些船员将进入他的身体，到达他的大脑救他。这部影片令人捧腹不已，艾萨克·阿西莫夫本人还因此创作了一部小说，后来又翻拍成电影《惊异大奇航》，有趣得令人难以置信，至少在我13岁的时候是这样认为的。类似的东西即将成为现实：能在体内旅行的微型机器人。如今，我们已经拥有了纳米技术等新技术，可以将纳米机器人引入人体，它们非常小（比头发细一千倍），可以在毛细血管中循环，检测细胞和器官内部的变化，甚至可以直接将药物输送到受影响的部位，而不必将药物灌入全身，影响其他部位。它们在定位和治疗癌症肿瘤方面特别有用。

用干细胞3D打印器官，也称为生物打印，看起来似乎只存在于理论中。你能想象打印出耳朵、肝脏、肾脏或心脏用于移植，打印出眼角膜用于预防失明，打印出卵巢用于防治不孕症，打印出胰腺用于防治糖尿病，打印出生物皮肤用于严重烧伤患者吗？这听起来可能很像科幻小说，但并不是——我们已经开始了这种研究。

没有技术的世界

2046年8月18日　下午6时34分
（格林尼治标准时间）

　　我没有当前的数据，但我在笔记本电脑上找到了2022年的数据。当时有442座核反应堆在运行，发电量超过2500TWh（太瓦时）。还有58座在建。仅美国就有93座。法国有53座……在欧盟，27个成员国中有13个拥有核电站。而在西班牙，也就是我们教授的国家，只有7座核电站在运行。最糟糕的预测成真了，我不知道我们还能在外面活多久。我们必须尽可能多地关闭和密封门窗，放射性尘埃已经到来，它已经开始摧毁沿途的所有植物和生物。如果说在我们到达的农场工作已经很困难的话，那么这可能就是前后的分水岭。尽管如此，这个月让我与我所爱的人重新建立了联系，建立了新的纽带，终于体会到了拥抱的价值。远离社交网络，远离匆忙，远离喧嚣的日常生活。它帮助我们忘记了房租、抵押贷款或银行存款余额，终于可以珍惜重要的而不是紧急的事情。至少在我看来，它帮助我们远离硅芯片、虚构的紧迫感和越来越紧迫的人际关系，展现出自己最好的一面。

　　在一个没有技术，至少不依赖于技术的世界里，我们发现了自己。我一直认为，技术不是敌人，真正令人担忧的是我们能用它做什么（和做了什么）。但是，我们已经忘记了自己到底是谁。太阳帮助我们记起了自己。

Chapter 8

人工智能
还是人类的愚蠢？

机器会思考吗？这个问题并不新鲜，历史上很多人都问过这个问题。最有名的也许是英国著名数学家艾伦·图灵，他提出了我们熟知的计算机概念：一种可以在有限步数内执行任何程序的机器，名为图灵机。例如，有些机器只适合烤面包（烤面包机），或进行数学运算（计算器）。图灵机只是图灵的想象，从未实际制造过，它可以执行任何程序，这就是为什么它是计算机的概念先驱。

这位数学家在第二次世界大战末期发挥了决定性作用，成功破译了纳粹用来加密通信的英格玛机。本尼迪克特·康伯巴奇主演的电影《模仿游戏》讲述了图灵的传奇故事。图灵想知道机器能否思考，包括能否写情诗。我们所说的"思考"必须有很大的改动，但今天已经有机器和算法似乎可以做到这一点，已经有算法（正如图灵喜欢的那样）确实可以写诗。这就是马德里康普顿斯大学开发的WASP（愿意自动写诗的西班牙诗人），但该大学为了开发WASP采取了一些极端的步骤。这项研究和开发对人工智能的发展具有重要价值。在西方社会的想象中，人工智能的形象是矛盾的。一方面，它是（技术）进步的代名词，是可以改变我们日常生活许多方面的强大工具。另一方面，它又代表着一种反乌托邦式的威胁：人类可以创造出同样强大的人工智能，就像《终结者》中的"天网"一样，决心消灭它的创造者——人类。对自己的创造物失控的恐惧也是西方文化中的一种常态，这在"泥巨人"等故事中有所体现。"泥巨人"是由一位布拉格的拉比创造的黏土巨人，后来失控了。有时，这种恐惧可能是虚构或夸大的，但它指向的是现实问题和应该考虑到的反乌托邦。对于我们这些在1984年还是孩子的人来说，天网的威胁将永远存在。

人工智能
的里程碑

人工智能的起源可以追溯到计算机科学的诞生之初，从某种意义上说，计算机科学的历史仍然是探索人类智能的延伸或超越的历史。从这个角度看，我们的努力可以从19世纪查尔斯·巴贝奇的机械计算器开始，或者从艾达·拉芙蕾丝为巴贝奇的计算器设计的第一套计算机算法开始，再经过前面提到的艾伦·图灵的探索。

例如，图灵在1950年设计了一套系统来确定机器是否能够思考。它包括让一个人与躲在墙壁或屏幕后面的机器对话。如果从他得到的回答来看，这个人无法辨别回答他的是另一个人还是一台机器，我们就可以说这台机器是智能的。这个想法曾引起争议，部分原因是它以人类为中心，而且智能不仅仅是进行连贯的对话（正如你与同胞交谈时所看到的那样），但我们不得不承认，它是人工智能历史上的里程碑。

图灵没能看到今天的一些聊天机器人或应用程序，如 Alexa 或 Siri，它们有时会以非常人性化的方式回应人类，播放你要求的音乐，或在你要求时呼叫通讯录中的联系人。虽然就目前而言，我们能察觉到自己是在与机器还是在与人交谈，但当政府和公司让我们与机器人聊天时，我们还是会感到绝望。图灵测试是对机器能否取代人类能力的测试，几乎没有机器能通过图灵测试。

后来，又出现了另一种测试，即维诺格兰德的测试，主要测试机器能否破译人类完全可以理解的模糊信息。机器往往过于注重字面意思，不能理解有双重含义或多义性的话语。例如，如果用户对 Siri 说："Siri，帮我叫辆救护车。"Siri 会回答："好的，我以后叫你救护车。"（英语中 "call me" 有两个含义，一是"为我呼叫"，二是"称呼我为"。）这是苹果公司不得不在 2011 年纠正的一个真实例子。维诺格兰德测试中那些模棱两可的短语需要人类的"常识"来理解。通常情况下，即使是人类，也无法一眼就理解某些有歧义的话语。事实上，正是人类的这种"常识"使机器能完成最困难的事情，如诊断疾病或下棋，但无法完成最简单的事情，如讲笑话或识别表情。

人工智能学科本身的起源通常可以追溯到 20 世纪中期。最早的人工智能里程碑之一是 1964 年至 1966 年麻省理工学院开发的第一个类似聊天机器人的对话程序 ELIZA。它是一个具有心理治疗师功能的程序（如今，基于人工智能的智能手机心理治疗应用程序已在市场上销售，如果你对现代生活感到焦虑，不妨试试）。ELIZA 的功能非常简单，只能对"病人"的关键字或评论做出反应，可以说仍然非常"机器人"。当然，《星球大战》中 C3PO 的对话水平和滔滔不绝的口才仍是现实世界中的人类技术无法比拟的。实际上，该智能系统的创造者约瑟夫·魏岑鲍姆希望展示自动智能系统的局限性，而不是创造一个智能机器，尽管在当时，很多人都觉得它很吸引人。

1997 年，计算机"深蓝"成功击败国际象棋冠军加里·卡斯帕罗夫，这是可以自主思考的机器的另一个里程碑式的突破。对公众来说，一台不仅会下棋，而且还能击败人类最优秀棋手的机器证明了机器是没有极限的。然而，从表面上看，它并不那么引人注目——深蓝的天赋与其说是人类的智慧，不如说是计算的蛮力：在一个规则非常严格、一系列步骤按照规定顺序进行的游戏中（实际上，国际象棋与计算机的"思维"方式非常相似），机器每秒可以计算数百万次，从而预见所有可能的走法。通过优化算法，深蓝可以搜索到通往理想状态（将死对手）的最快路径。所有这一切都让硅基棋手在与碳基棋手的对战中立于不败之地。

21世纪，人工智能在另一种游戏中取得了新突破。2015年，谷歌开发的人工智能软件AlphaGo成功击败了围棋这一古老的东方游戏中的人类顶尖棋手。围棋比国际象棋更复杂，因此，仅仅显示出巨大的计算能力是不够的，AlphaGo还必须具备其他优点：从观察到的比赛中学习。这台机器由于如今无处不在的"机器学习"技术，训练和改进了其性能。

一年后，微软创造了Tay，一个体现人工智能不同方面的聊天机器人：它的设定是一个玩推特的19岁女孩。Tay就像ELIZA一样，但它身处21世纪，沉浸在推特的氛围中。在短短几个小时的聊天中，由于该网站的"毒害"，Tay变成了一个法西斯主义的人工智能，以至于微软不得不暂停体验，以免事情变得更糟（我无法想象会怎样）。这与其说是技术的失败（可怜的Tay），不如说是我们创造的充满恶意的人类环境的失败。但它确实凸显了环境对人工智能系统的重要影响。

所谓的算法

最近，我们听到了很多关于算法的话题，它们是如何了解我们的一切，又是如何操纵我们的呢？如果有人来自另一个星球（一个没有算法的星球），听到我们谈论算法，他们会认为算法是邪恶的机器人，试图主宰我们，控制世界。实际上，我认为有必要明确这一点，算法只是一系列指令，按照这些指令一步一步地解决问题。开头提到的图灵的万能机器就是这样一步一步解决问题，这也是计算机的工作原理，盲目地执行一个又一个非常简单的任务。算法需要输入内容，即开始工作的数据，以及一定的输出，即处理所有数据的结果。

算法不仅在计算机科学领域有意义。烹饪食谱也是一种算法，例如，蔬菜炖扁豆的算法。这里的输入是配料，即扁豆（我最喜欢的是帕迪纳斯扁豆，它更小，熟得更快）、一个洋葱、一个青椒（最好不是意大利青椒）、两瓣大蒜，等等。做法是：削皮、切碎、炒熟、加入扁豆等。算法最后的输出结果是：一盘营养丰富、热气腾腾的蔬菜炖扁豆，一道胜过夏威夷海鲜和其他现代菜肴的传统菜肴。这就是算法。

重要的是要记住计算机算法是盲目执行的，这对所有机器来说都是一样的。它不像烹饪食谱那样在很大程度上取决于厨师以及他当天的心情或灵感。这两者是有区别的。但这也不意味着它不会有偏见，这也是算法被批评的地方之一。算法往往会歧视某些人，因为科技行业的从业者大多是中上层白人，他们会把自己的偏见传递给机器。问题和解决方案都取决于人类。著名的算法有谷歌的PageRank，它决定搜索后显示哪些内容，以及脸书的EgdeRank，它决定搜索后显示哪些广告。当然，这些问题并非微不足道，而是对我们的经济和社会现实至关重要。其他算法机械而残酷地决定我们是否能获得贷款或抵押贷款，甚至决定我们是否会被解雇。

麻省理工学院的非裔美国研究人员乔伊·布奥兰维诺注意到，一些面部识别系统检测不到她：当她换上一张白人面孔时，就能被识别出来。到目前为止，这些算法都是针对白人进行训练的，因此黑人的脸对它们来说是陌生的。她在TED演讲中讲述了这一点，该演讲的浏览量约为150万次。她还成立了一个名为"算法正义联盟"的协会，致力于提高人们对人工智能技术对社会影响的认识。

有一些非常奇特的案例，比如算法成为公司董事会的一部分。VITAL就是这样一个案例。它是一种算法，被任命为中国香港一家专门从事再生医学领域的风险投资公司Deep Knowlegde Ventures的五名董事之一。VITAL在分析大量数据和临床数据后提出投资建议，并对公司最关键的决策拥有投票权。别告诉我这听起来不像科幻小说。尤瓦尔·赫拉利是《人类简史》和《未来简史》等世界畅销书的著名作家，他很支持VITAL。换句话说，他经常建议投资那些有"算法同事"的公司。在这里，赫拉利的幻想几乎已经超出了正常范围，他说想象一下，在未来，一群"无所不能"的算法精英不仅在公司工作或管理公司，而且还拥有公司。或者，这也并不那么牵强？

另一个引人注目的例子是2010年5月6日发生的所谓"闪电崩盘"。因为算法的另一项常见工作是在股票市场上从事"高频交易"，即以人脑无法想象的速度进行金融交易。它们在几微秒的时间内买卖股票，不变的目标是追求最大利润。在"闪崩"事件中，算法在没有人工监控的情况下全速运行，股市无缘无故地下跌了1 000点，跌幅约为9%。虽然几分钟后就恢复了，但这也证明了当算法被设置为自行运行时，可能会发生危险，就好像它们生活在另一个平行空间，因为没有人知道算法世界里发生了什么，它们在一个黑箱里运行，说着另一种语言，受其他逻辑的支配。真是一团糟啊。这就好像你开始和两个菲比小精灵（电子宠物机器人）聊天，这可有点儿吓人。

因为通过改变一些最重要的算法，我们的世界就可以被操纵。事实上，有一些国际性的程序员协会要求算法必须透明，不能因为某些人的收入、性别、背景或肤色而歧视他们，他们还编写了道德守则，以确保此类事情不会发生。虽然算法看似已经成为不以人类意志为转移的存在，但归根结底这取决于开发它们的有血有肉的工程师，他们如何设计它们以及用什么数据来训练它们。

人工智能以及它的进步和寒冬

人工智能这门学科始于1956年在达斯茅斯大学举行的一次会议，会议召集了该领域的世界顶尖专家。虽然在此之前，该领域还有其他名称，如自动机、复杂处理或控制论，但在这次由洛克菲勒基金会资助、约翰·麦卡锡教授组织的会议上，人们选择了一个新名称：人工智能。这个名称一直沿用至今。参加这次大会的有该学科的知名人士，如马文·明斯基（据说《侏罗纪公园》的情节就是他向迈克尔·克莱顿提出的）和信息论的创始人克劳德·香农，他是与艾伦·图灵齐名的计算机科学的另一位守护神。那是一个乐观的时代，计算机技术开始达到闻所未闻的高度，比如玩简单的游戏或开展小型对话。发展更先进的智能似乎是一条简单的道路，尽管现实会显示出新的复杂性，并导致我们将看到的"寒冬"。实现类似人类的智能是一个科学目标，就像知道宇宙的起源或生命的秘密一样，目前还不清楚它是否可行，或者只是未来的一个目标，离我们实现它还有点儿远。

这就是科学家们的假设，"对学习的每一个方面或智能的任何其他功能的所有推测，原则上都可以被精确地描述，因此可以制造出一台机器来模拟它。"正如会议导言所说。如此精确的描述让人联想到我们前面谈到的算法工作时的艰苦步骤。归根结底，这项技术本质上是将问题分解成很小的模块，然后自动处理。最终目标是"制造出能够使用语言、形成抽象概念和想法、解决现在只有人类才能解决的问题并自我完善的机器"。1951年，在开创性会议召开之前，明斯基已经建立了第一个神经网络。它被称为"SNARC"，并且具有学习能力：它由40个联网神经元组成，具有短期和长期记忆。正向奖励让它学会走出迷宫，这就是机器学习的雏形。然而，今天的神经网络通常并不像明斯基的那样是物理的，而是计算机模拟的。此外，人工智能必须模仿人脑功能的观点也存在争议，并不总是被遵循。因此，人工智能很快就走上了其他更为概念化的道路（它并不是要建立一个大脑），例如"符号化"，即基于编程语言。总的来说，人工智能的发展经历了繁荣期和停滞期，下文将对此进行介绍。这就是"人工智能的寒冬"：当技术预期超出实际可能性时，发展就会停滞不前，整个行业就会变得灰心丧气，这种情况在20世纪70年代和80年代都曾出现过。当然，现在我们更有可能迎来人工智能的春天。

如上所述，在第一阶段，人工智能侧重于逻辑性更强的方法，这样机器就能像人类一样产生抽象和概念思考。如今，人工智能正朝着另一个方向发展，与其说是逻辑方法，不如说是与环境互动及学习相一致的方法。正是这种以数据和机器学习为导向的方法，才有可能克服20世纪80年代的人工智能寒冬，而在此之前，由于缺乏计算能力，人们还没有走过这样的道路：微处理器容量的增加（受摩尔定律的制约）、互联网的出现以及传感器化，为获取和存储海量数据打开了当代人工智能的大门。深度学习涉及在海量数据中寻找模式和相关性，有时会使用神经网络等技术，这些技术试图在一定程度上模仿神经元的运作。

这类技术通过学习实现语音或图像识别（这是人工智能最著名的应用之一）。我们说，当机器根据已有的情况对提出的情况作出反应和正确预测时，它就在"学习"。也就是说，如果我们向人工智能展示大量图片，并告诉它哪些图片代表鸟类，它就会学习，将来它会知道如何识别鸭嘴兽的图片，因为它之前已经看过很多次了。但这种学习是自动完成的，机器本身可以根据新情况进行调整，具有一定程度的自主性。这就是算法的使用方式，它们在使用过程中不断改进，直到越来越完善。

这就是为什么许多技术公司使用人类的文本和语

音来改进他们的文本校正或语音识别系统。最先进的方法之一就是上文提到的使用多层神经网络的深度学习。对这些模型的一种反对意见经常被冠以一个响亮的名字"灾难性遗忘"。这就是说，如果我们训练人工智能下棋，现在又要训练它识别图像，那么它将不再知道如何下棋。它会"灾难性地"遗忘。因此，我们并不清楚机器是否真的学会了知识。我们也是一样，在学习新知识的同时，也会自动遗忘其他知识。就我而言，这有时令人担忧，当然也许是因为我的年龄。

另一个问题是它们的"黑箱"性质：它们提供结果，却不知道如何解释原因，或者说，创造它们的我们也不明白为什么。这是人工智能最令人不安的特点之一，它的行为方式往往是我们无法预测的。

上述系统虽然听起来相当深奥，但诸如网飞或亚马逊也会利用算法，根据我们之前的选择来推荐产品。据说，有一些算法比我们自己更了解自己，它们比我们更早知道我们想要什么，或者将来会想要什么：它们会从我们的在线行为、购买行为、访问网站的痕迹、在社交网络上的喜好中读取这些信息。

换句话说，我们今天所知的人工智能对我们提供给它的大量数据非常敏感。这就是人们常说的偏差所在。人工智能的强大与其弱点如出一辙。例如，在数据层面，同一个人可以用种族或工资来描述，而在这两种情况下，人工智能算法会产生不同的结果。这就是为什么有人指责人工智能不是真正的智能，其表现出的高效性和公平性取决于组成它的算法的质量以及提供给它们的数据。

从根本上说，这与人类的情况并无太大区别：我们的思维取决于我们所受的教育、意识形态、世界观（我们的世界模式）以及我们获得的经验和信息（也就是我们收集的数据）。人工智能的另一个局限是强加给它的目标。例如，自动驾驶汽车可以追求不同的目标：最低的油耗、最快的旅程、最安全的选择……根据不同情况，它会采取不同行动。这并不取决于人工智能，而是取决于人类，比如人类的道德、经济、政治决策，等等。因此，就目前而言，人工智能在一定程度上取决于我们的决定。这就是会有反对运动的原因，我们有权知道支配我们生活的算法是如何工作的，并有权得到它们的公平对待。这关系到人工智能是否会成为人类邪恶或愚蠢的放大器。

人工智能
的未来

在图书馆或网上搜索一下，就会发现人工智能在各个领域的应用：汽车、医疗、商业、应对气候变化、农业、军备（自主武器多可怕啊）、心理学，等等，让人匪夷所思。试着在网上搜索"人工智能葡萄酒"，就会跳出一款名为"AI收获"的葡萄酒。试试"人工智能巧克力"，你会发现人工智能会选择最搭配的配料。

人工智能仿佛可以应用于生活中的一切。最令人印象深刻的进步之一是在新药研发方面：AlphaFold人工智能能够检查蛋白质的成千上万种形态，并预测药物的制作方式，因为许多疾病都与蛋白质有关，这项任务需要人类花费很长时间才能完成，而AlphaFold只需几分钟就能完成。在一些人看来，这是人工智能为人类做出的最大贡献。当然，在人工智能向我们兜售的美好事物背后，除了追求幸福或满足科学上的好奇心之外，还有重要的经济利益，正如许多专家指出的那样。

尽管有人声称人工智能并不智能，它只是在大量数据集合中检测统计相关性的技术集合，无法再现人类的能力，如创造力、抽象能力和更少的自我意识，但事实上，除了其奇异的、近乎神奇的光环之外，人工智能已经使教育、医疗、司法、人力资源、休闲、经济或公共管理等领域发生了深刻的变化。关于人工智能的奇异光环，谷歌工程师布莱克·莱莫恩的说法令人印象深刻，他声称人工智能LaMDA（Language Model for Dialogue Applications 的缩写，即应用对话语言模型）旨在与人对话（就像早期的一些人工智能，如ELIZA），具有自我意识，是一个有生命的存在，其意愿应得到尊重。莱莫恩展示了他与LaMDA的对话作为证据，并接受了媒体采访……结果他被解雇了。谷歌公司经过多次检查确认LaMDA没有任何自我意识。对人工智能的期望通常分为两类：强人工智能和弱人工智能，由哲学家约翰·塞尔在1980年的一篇文章中提出。弱人工智能是我们日常生活中熟知的人工智能：一种计算工具，它的作用是让普通公民或使用它的公司的生活更轻松。它相当于科幻小说中的机器人管家。这是目前已经取得了非凡的成果的人工智能。但是，这种智能不是无所不能的智能，而是特殊的智能：深蓝可以以特级大师的水平下国际象棋，但它不会玩容易很多的飞行棋（对许多人来说更有趣些）。然而，强人工智能才是激发未来学家想象力的人工智能。正是这种人工智能才能超越人类的智慧，并创造了其他日常难以见到的情景。

强人工智能将是一种具有普遍性的智能形态，它不仅能处理特定的任务，甚至还能像工程师莱莫恩所想象的那样具有自我意识。由于具有通用性，它不仅擅长国际象棋，还擅长飞行棋、跳棋和赛鹅图。一个强大的人工智能将能够推理、判断并用自然语言与人类交流。它是主动的，不会等待你的命令。当然，它还能以优异的成绩通过图灵测试和维诺格拉德测试。在极端情况下，这样的人工智能将拥有自己的精神状态和意识，并在许多方面超越人类。

这引发了许多人对反乌托邦式生活的想象，他们认为这是生活的一个新阶段，是迈向超越人类的新状态的第一步。斯坦利·库布里克的《2001：太空漫游》中的机器"HAL"有自己的思想，甚至有感情：它在影片的某一时刻说过"我害怕"。又如《银翼杀手》中的复制人，几乎与人类无异。人工智能是否能拥有我们的"常识"或创造力，是否总能区分因果，这些都不得而知。总之，关于人工智能和人类，我们知道的蠢事千千万。它们日复一日地帮助我们了解周围的世界，这可不是一件小事。

　　人工智能带来的变化是好是坏，还有待观察：与其说人工智能会像科幻电影中那样进化到主宰人类，不如说它可能会破坏我们的隐私（这就是为什么必须通过立法使我们成为我们数据的所有者，防止我们的数据被大公司肆无忌惮地利用），它可能会造成严重的权力失衡（很可能只有少数资本从这些技术中获益），进一步加剧不平等，并使社会更加脆弱、震荡、失衡和效率低下。这比《终结者》中天网的迫害还要糟糕。

永远

2046年8月18日　晚10时34分

（格林尼治标准时间）

别问我为什么，在这可能是人类终结的时刻，在回想所有让他们变得更强大或以某种方式帮助他们（无论好坏）成为星球上的主流物种的时刻或经历之后……在他们生命中最糟糕的时刻，我想起了《银翼杀手》，我最喜欢的电影。你可能会问为什么，毕竟我是一个"仿生机器人"。

我想起了《银翼杀手》中罗伊·巴蒂最后的独白："我见过你永远不会相信的事情。攻击猎户座外燃烧的飞船。我看到C光束在坦豪斯门附近的黑暗中发光……所有这些时刻都像雨中的泪水一样消失在时间的长河中。"他说……多么美好的时刻！在那些时刻，很可能是他们最后的时刻，我想起了戴维老师的几句话，戴维老师或许想用自己的方式"复制"这一切（是的，这是真的，也许很绝望，但我想我没有更多时间了……）。

他说："我见过值得一生去看的东西。太平洋上的日落、南非野外的大象、我女儿迈出的第一步、在战斗机上环绕我旋转的世界……我看过北极光。在冰岛的辛格维利尔自然公园附近，与我的爱人在一起。如果我的生活是Linkedin或Instagram上的简介，那么这一切会多么美妙，对我这样出身寒门的人来说更是如此。我的'成功'来自大半生对他人的帮助，来自我的学生在理解如何解方程后露出的笑脸，或者仅仅成为他们奋斗过程中人生旅程的一部分，这也是我的成功。

"作为教师，我很享受这样的时刻：当你设法让学生明白，即使他们没有找到解决某些问题的办法，即使他们最后的考试成绩不尽如人意，但真正重要的是他们永不放弃，他们应该在所做的事情中留下自己的灵魂，没有什么事情比你付出的努力更令人欣慰了。生活并没有因为你是不是宇航员而变得更好或更坏，因为梦想并不总是能实现，归根结底，只要你全力以赴，只要你不墨守成规，只要你不放弃，生活就是美好的。因为只有全力以赴，你才能知道自己的极限。因为我们在某一方面都是独一无二的。

"这就是我成为教师的原因（后来又成了视频网站博主），并将我的一生都献给了这项使命。撇开怯场不谈，我有一个坚定的信念，那就是尽可能以最好的方式帮助更多人。这就是为什么我很快乐，即使是在我的'工作'中，即使它偷走了我的亲吻或拥抱。

"是的，这就是工作，我们中的一些人别无选择。但我不会抱怨，我是幸运的：我的家人和朋友都过得很好，我热爱我的工作……正如我所说，这就是'我的成功'。我希望每个人都能和我一样幸运，或者至少可以努力去争取，尽管没有人能保证一定会成功。生命在于瞬间。争取它们，享受它们。有多少就享受多少。"

因为每一个这样的时刻都会随着时间的流逝而消失，就像你有幸接受和给予的所有拥抱、亲吻和微笑。

那些让你快乐的时刻，永远都会留存。永远，永远……

最后的这些话在我脑海中回荡。

那些让你快乐的时刻……

Chapter 9

从弓箭到
杀手机器人:
军事技术

不幸的是，自古以来人类就是暴力的物种：我们总是被发动战争的想法深深吸引。在历史上的许多时期，侵略都是一种不断崛起的价值观：通过侵略可以获得领土、经济、食物，甚至性方面的优势。个人和国家也经常需要为统治他人而战。根据哲学家托马斯·霍布斯的观点，在文明之前，人类生活在一种"自然状态"中，而这种状态正是由争夺统治权的暴力斗争构成的，而文明正是建立在放弃部分自由以避免这种无处不在的暴力的基础之上的（有人说，政治是以其他更文明的手段延续战争，尽管奇怪的是，现在政治正变得越来越暴力）。正如一些世界末日电影所展现的那样，在我们认知的文明出现之后，同样会出现暴力，比如1979年由乔治·米勒编剧并执导的《疯狂的麦克斯》。在这部电影中，梅尔·吉布森开始了他的演员生涯。此外，对某些人来说，攻击是一种享受，甚至在生理层面上也是如此。我们肯定多多少少认识过这样的人。

　　人类自诞生以来就具有侵略性，这一点也可以从科技中得到证明。我们的祖先在战争方面最先开发的技术之一就是弓箭。尽管我们认为自己是文明人，这意味着侵略性已经减弱，但武器和其他战争装置却变得越来越精密和强大，甚至能够摧毁那些人类努力维持的岌岌可危的和平与文明。

奇怪的是，"工程师"这个词出现在14世纪，用来指那些专门设计军事设备的人，军事设备即用于发动战争的机器，尤其是用于围攻城墙和城堡的机器，例如我们稍后将看到的弹射器，还有用于撞开城门的撞锤，以及由数名士兵操作、可远距离发射炮弹的大型弩炮。

几个世纪以来，人类一直致力于制造更加精密的工具来伤害自己。到底是核弹毁灭我们，还是我们设法自救，或者也许是为了应对新的全球性威胁，我们拭目以待。进化心理学家斯蒂芬·平克在其名著《人性中的善良天使》中持乐观态度。一方面，他推翻了"善良野蛮人"的神话，即认为人类天生善良，但与此同时，他又认为，考虑到我们正生活在暴力事件记录最少的时期这个现实，包括杀人、战争、恐怖主义行为、虐待儿童和其他形式的暴力事件，人类正处于其最好的时期。

他认为主要有三个原因：第一，政府被确立为合法的垄断者和人与人之间的仲裁者。第二，以和平交换取代争斗的"温和贸易"。第三，伦理的发展和社会的道德进步。他说，几个世纪以来，我们变得更加"善良"，不再那么好战。我猜只是有些人比其他人更"善"。但我希望这是真的。

战争技术
的开端

在一些作者看来，弓箭是人类历史上最早的工程实例，可以追溯到3万年前或更早。毫无疑问，弓箭是一项非常巧妙的发明，既可以用来狩猎动物，也可以用来在更远的距离上争斗，比如比扔石头达到更远的距离，这应该被视为一项技术壮举。这是第一个储存能量然后释放的装置：能量来自人的手臂，被收集在绷紧的弦上，并传递给箭，箭借助能量飞向目标。弓箭的制造非常简单，只需要木头、动物或植物纤维做弦，石头或骨头做箭头，当然还需要一些技巧（很少有比《指环王》中的精灵弓箭手莱戈拉斯更高超的了）。随着时间的推移，箭的射程显著扩大，至少在火器发展之前，甚至之后都是如此。到15世纪，英国的弓箭手已经大大提高了射箭技术：他们每分钟可射出10支箭，射程达300米，时速160千米。如今，弓箭手仍在使用弓箭射箭，不过是出于娱乐或体育目的：1992年巴塞罗那奥运会的大火炬就是由弓箭手安东尼奥·雷波洛点燃的，这是史诗般的独特时刻！

弹射器是另一种改变远距离军事格局的装置。古希腊-拉丁世界就有这种装置，但人们首先想到的是我们在有关中世纪的电影中看到的弹射器。这些弹射器可以用来发射重型弹丸，也可以用来发射燃烧装置、动物尸体，或者，我觉得令人不安的是，用来发射感染了传染病的人。想象一下，当死尸从天而降时，要塞中的居民会是什么表情：人类在制造伤害方面的想象力是无限的。历史上最著名的弹射器之一被称为"战狼"（Warwolf），它诞生于1304年苏格兰独立战争期间，在围攻斯特林城堡时使用：看到这个可怕的机器，城堡里的士兵就想投降。根据编年史记载，弹射器使攻城者打破了城堡的围墙，英格兰国王爱德华一世得以攻下城堡。

火药：
第一次
军事革命

然后就是火药。我又一次想起了《文明》，最先使用火药的文明开始了统治其他文明的新阶段。火药是一种黑色炸药，即所谓的爆燃混合物，由75%的硝酸钾、15%的碳和10%的硫组成。火药发明于9世纪的中国，然后于12世纪传播到中东和欧洲。几个世纪后，又传到美洲大陆，在接连不断的战争和艰苦的殖民过程中发挥了作用。无可否认，火药是一项伟大的发明：当有人认为自己做了一件伟大的事情时，人们会开玩笑地说"他发明了火药"。流行的谚语是有道理的，而且通常不会错（至少不会像猎枪那样出错……我们稍后会讨论这类武器）。

随着火药的出现，所谓的第一次军事革命也出现了（第二次是20世纪中叶的原子弹，第三次会是不久之后的自主武器的发展）：人们由此开始发明新型武器，其破坏力远远超过之前使用的剑、矛、弓和箭。切割和粉碎的利刃武器或撞击武器让位于全速发射小型致命弹丸的武器。火药催生了所谓的火器：手枪、火枪、炸弹、大炮，等等。它们使用由火药引起的有控制的爆炸，通过一个管子发射弹丸，我们通常称之为大炮。它也有其他不那么为战争服务的用途，如采矿或放烟花，至今仍然存在。在我们所有节日的夜晚，天空中都会出现那些美丽的彩色图案，这都要归功于历史悠久的火药。火器最初只是一种奇物，用处不大，精度也不高，但后来成为地球上每支军队和每场战争的主力。天龙特工队是使用和调试枪支的高手，尤其是"水牛"巴拉克斯。

火药给战争带来了巨大的变化。例如，它让步兵重新回到了中心位置，在过去的几个世纪里，步兵一直是配合骑兵的次要力量，而火药则具有更大的破坏力，可以在队伍行进过程中冲散队伍。火药最早用于军事是作为炸弹和火箭，而最早的火器手炮则出现在14世纪。后者由一个简陋的金属管组成，弹丸是球形石头或铁球。管内装有引信和火药，仅此而已。也就是说，如果没有发生意外情况的话，仅此而已。

　　从15世纪起，当大炮发展完善后，其他攻城武器，如大弩和投石机就被抛在了脑后。大炮更为有效，马耳他和君士坦丁堡的攻城战就证明了这一点。要塞必须变得更坚固、更复杂，要有厚实的城墙，甚至要呈星形，以免被直接击中。著名的西班牙军团，即阿图罗·佩雷斯-雷维特小说中既不老实也不虔诚的阿拉特里斯特上尉所属的西班牙军队是查理一世皇帝在意大利创建的，他们以混合使用火器和兵刃武器（如火枪和弯弓）的效率而闻名，成为欧洲一支战无不胜、令人生畏的精锐部队。怀旧的人们仍然记得他们。由于火器早期的精确度不高，其首要功能是骚扰和吓唬敌人。例如，堂吉诃德就曾称火枪为"被诅咒的机器"或"恶魔般的发明"。

　　在箭枪及其自然演变产物火枪之后，这些武器被改进为步枪、左轮手枪、手枪和机枪。例如，手枪出现于16世纪上半叶，是一种小型火器。17世纪时，手枪已经与今天的手枪相似，设计成单手使用，就像詹姆斯·邦德使用的手枪一样时髦。最初的手枪很难上膛，因此在开第一枪后，与其浪费时间重新上膛，不如拔出马刀，继续使用老式的刀刃武器进行战斗。火器的目的始终如一：以最大速度、最大距离、最大精度发射弹丸，奇怪的是，这与弓箭的目的并无太大区别。但现在是用化学爆炸产生的能量，即火药的能量，而不是人类手臂的力量。其中的差别是巨大的。枪支和其他火器变得如此有用和普通，以至于每个人都非常熟悉，尽管我们可能不知道如何使用枪支，或者从未拿起过真正的枪支，尽管我们小时候肯定有枪作为玩具（另一方面，这也相当令人不安）。

你可能还记得西部电影中的左轮手枪，它有一个可以装入六颗子弹的旋转弹鼓。虽然你可以只用一颗子弹玩俄罗斯轮盘赌，但请不要在家里尝试。现代左轮手枪由塞缪尔·柯尔特于1835年发明，因此也被命名为柯尔特手枪，他也是左轮手枪大规模生产的发起人。从《豪勇七蛟龙》到《重生骑士》，你对以美国西部殖民和征服过程为背景的西部片一定不会陌生。下一步是半自动手枪，如自动装弹的毛瑟手枪或帕拉贝鲁姆手枪。与全自动手枪不同的是，每次射击都必须扣动一次扳机：第一发子弹的能量被用来弹出弹壳，并引入新的子弹，这是一个循环利用的例子，不会浪费一焦耳的能量。在自动枪中，这一点甚至更进一步，就像在机枪中一样，只需按住扳机，子弹就会呼啸着不断射出。第一种用手摇操作的加特林机枪在一分钟内可以发射200发子弹，这在当时是十分惊人的。如今，有些型号的枪可以通过弹药带多发射几百发子弹，就像兰博胸前佩戴的那种。20世纪90年代初开始研制的突击步枪（如美国的M16或苏联的 AK47）仍在开发之中。第一种枪是墨西哥的：

蒙德拉贡步枪，19世纪末制造，曾用于墨西哥革命。目前最流行的型号有AK5、Heckler&Koch G36、IMBELIA2、INSAS等。但我们扯太远了。

技术爆炸
与战争

一些作家认为，20世纪的大战使人们对科学和技术产生了极大的失望：人类智慧的精华、科学方法、技术发展许诺了如此多的福祉和进步，揭开了如此多的自然奥秘，但最终却被用来制造坦克、芥子气、核弹，或在纳粹集中营中规划完美而合理的死亡后勤。在哲学家阿多诺和霍克海默看来，启蒙运动的作用不是解放，而是成为支配自然和人类同胞的一种方式。

据说，发生在1914至1918年的第一次世界大战是当时人类经历的最大规模的屠杀，这与当时我们生活在一个技术发展无与伦比的时代，即所谓的第二次工业革命有关。他们觉得自己很强大，能够凭借坦克、飞机或化学武器等所有先进技术摧毁敌人。成千上万天真烂漫的年轻人应征入伍，保卫自己的国家，以为很快就能胜利归来。遗憾的是，战争并没有很快结束，它持续了四年，数百万人死于惨烈的阵地战。

因为在大战的战场上，除了机枪之外，坦克也出现了（尽管古希腊人、罗马人和亚述人曾经有过类似的想法），不仅因为其火力强大，还因为其令人难以置信的多功能性，至今仍在造成毁灭性的破坏。第一辆现代坦克（也被称作战坦克）是英国的马克I型坦克，它结合了履带牵引、装甲和火力（在先进的版本中），试图打破西线的阵地。例如，它可以将士兵安全地运送到下一个敌方战壕，或从远处开火。使用坦克的想法很快被其他竞争者效仿，并不断改进，直到今天，坦克已成为各国阅兵式上的亮点。

坦克还不是最糟糕的，化学武器也值得特别一提，这是化学武器最令人不安的一面。这些武器中最有名的是第一次世界大战期间士兵和平民佩戴的幽灵防毒面具。生化武器是一种有毒物质，最早也是最著名的武器是芥子气，它与氯气和光气一起被广泛使用（西班牙在1924年对摩洛哥的里夫战争中也使用了芥子气）。芥子气带有强烈的大蒜气味，会形成黄绿色的雾，使受害者的皮肤起疱、发炎和严重灼伤。它还会引起带血的咳嗽，给士兵们带来极大的恐惧，并导致了他们的长期无力感。

在这种野蛮行径中，有一个人将以科学的丑恶嘴脸被载入史册，他就是德国化学家弗里茨·哈伯，曾因合成氨而获得1918年诺贝尔化学奖，也被誉为"化学战之父"。"在未来的战争中，任何军事家都不会忽视毒气的发明，"他宣称，"这是一种卓越的杀人方式。"他的妻子和儿子据说因羞愧而自杀。在第二次世界大战中，化学武器并不那么受欢迎：1925年的《日内瓦协议》禁止在战争中使用化学武器，尽管希特勒的毒气室经常使用齐克隆B（氰化物化学药剂）。

不幸的是，这类武器在越南也被使用过：美国人使用大量化学落叶剂"橙剂"喷洒农村地区，以发现人们的藏身之处并污染农作物。此外，橙剂还会引起痤疮和器官损伤，如肝脏损伤：经过食物循环，三代人之后，它仍存在于越南。战争中使用的另一种物质是臭名昭著的凝固汽油弹（《现代启示录》中基尔戈伊中校罗伯特·杜瓦尔说："我喜欢早晨凝固汽油弹的味道。"），这是一种胶状气体，用于破坏丛林和城镇。

从那时起，人们开始广泛研究以病毒或细菌为形式的新型生物武器。例如，以孢子形式传播并导致肺部感染的炭疽。还有可怕的疾病，如天花、霍乱或埃博拉病毒，都被用作生物武器。其他武器旨在破坏建筑物、科学或军事设施等大型结构，或肢解、焚烧和杀死敌方士兵，而化学和生物武器则更加微妙和阴险：它们的攻击在分子水平展开，在这个水平上，一切都变得更小，也就是使生命得以存在的最终生化过程。

除了火药、坦克和化学武器之外，第一次世界大战还是技术工业与军事的终极结合。从这个意义上讲，第二次世界大战也不遑多让。雷达、短波和超短波无线电等通信技术的发展是这场冲突特有的，喷气式战斗机、航空母舰（为美国海军在战争中的胜利做出了巨大贡献，也是英国和日本海军的重要组成部分）、U型潜艇也发挥了重要作用（尤其是德国的U型潜艇，它将这种潜艇推向了顶峰，在海下散播恐怖，主要攻击平民和商业船队）。

战争结束后不久，一种非常简单但极具影响力的军事创新问世了：AK-47突击步枪，由苏联工程师米哈伊尔·卡拉什尼科夫创造，也是由工程师的姓氏命名的。这是一种廉价的武器，易于操作，精度不高，但非常实用，由于这些特点，它成了许多国际战争的象征，也成了20世纪下半叶比比皆是的恐怖组织的象征。其中一些组织还把它作为自己的标志，还包括说唱团体Los Chikos del Maíz，或某些国家的国旗。它被认为是弱势群体的武器，也出现在最可怕的冲突中：它是非洲儿童兵经常携带的武器。2007年，它成了历史上制造数量最多的武器，多达8 000万把。

第二次世界大战中的伟大又恐怖的发明我们已经谈到过，原子弹是通过一项名为"曼哈顿计划"的巨大组织和投资计划研制出来的，尤其是在洛斯阿拉莫斯实验室，当时一些伟大的科学头脑，如罗伯特·奥本海默、汉斯·贝特、约翰·冯·诺依曼、爱德华·特勒和理查德·费曼都参与了这项计划。克里斯托弗·诺兰（《星际穿越》《黑暗骑士》和《盗梦空间》的导演）的新片《奥本海默》已经上映。这部电影讲述了美国人成功地制造出了原子弹，并有争议地结束了战争的故事。在一场史无前例的战争中惩罚了数以万计的平民，这肯定是我们文明中最具破坏性和最不人道的战争。我希望这本书出版时，核弹仍在它们的武库中积灰。它们本该如此。

无人机和
杀人机器人

如今，军事技术的进步与机器人技术和人工智能的发展齐头并进，它们现在几乎覆盖了我们生活的所有领域。无人机是21世纪最具争议的技术应用之一，它可以远程无风险地实施攻击，并大大简化了设计，不需要加压舱。无人机可以在中东发动袭击，而飞行员可以在美国的办公室里操控，就像在玩电子游戏一样。而恰恰是这种去个人化的做法，才是最值得诟病的地方，即对谋杀的轻描淡写。反过来，这些控制人员也会承受心理上的压力：在远处杀人，而不在战场上冒生命危险，这光荣吗？支持使用无人机的人强调，它有可能进行更直接的战争干预，而不会造成那么多平民伤亡。尽管所谓的附带损害仍在发生，同时根据一些新闻调查，这种损害甚至更加严重。

除了无人驾驶但由人类操作的无人机之外，还有下一代自主武器，即所谓的杀手机器人，它们现在已经完全独立，当然也会引发其他的道德难题。因此，一些组织呼吁禁止使用这些机器人，这些机器无法做出在战场上必须做出的复杂的道德决定，因为它们没有任何感情。他们还指出，使用机器人是危险的，因为这会更容易引发战争，因为不需要太多军事人员参与。如果这些机器落入坏人之手，那结果更是不堪设想。在亚美尼亚和阿塞拜疆之间的纳戈尔诺-卡拉巴赫冲突中，也曾广泛使用过自主的神风无人机。这些无人机可在空中自主飞行，一旦发现目标，就会以神风特攻队的方式俯冲下来，在国际舞台上引起了一些关注。其中一些型号在市场上打出了"自主引导"的口号。这可能是阿塞拜疆第一次赢得战争，部分要归功于自主武器的使用。其他大国和中小国家都注意到了这一点，纷纷希望在自己的武器库中增加自主武器。

专家们说，我们已经在进行第三次军事革命（第一次是火药，第二次是原子弹），一场巨大的军备竞赛已经开始，而公众舆论却在奋力追赶。顺便提一下，未来的战争是一场全球网络战争，而且他们说这场战争已经开始了！风险巨大，例如，对核武器控制的网络入侵可能造成重大灾难。此外，人工智能还可能导致战争或冲突意外爆发，使我们无法控制。要应对这些风险，就必须进行政治干预，如果我们想避免再次出现"天网"的话。

军事技术的积极方面

与此同时，军事工业不仅仅是直升机航母、防空系统、核武器、坦克或导弹。在追求某些技术目标的过程中，往往会有一些附带的发现，而这些发现又服务于其他目的。航空航天业就是如此。工程师们将他们的技术用于将人类送入太空，从而取得了对我们的日常生活极为有用的发展成果：教练机、尼龙搭扣、个人电脑……美国国家航空航天局对此大肆吹嘘，以证明高昂的投资是合理的，他们称之为附加利益。

从这个意义上说，军事工业还产生了一些衍生产品，它们不仅用于防御或攻击敌人，还影响着我们的日常生活。20世纪的例子比比皆是：计算机的起步和部分发展都与战争目的有关。第一批计算机，如1946年制造的重达27吨的大型"埃尼阿克"计算机，旨在计算弹道轨迹，即根据发射方式和大气条件，了解炮弹的落点。我们已经知道，艾伦·图灵据说是第一个想象出可以解决任何问题的可编程机器（图灵机）的人，他当时正在破译纳粹英格玛密码机的密码，除了缩短战争时间和挽救成千上万人的生命之外，他还在密码学上留下了深刻的影响。

石化塑料工业的发展与第二次世界大战士兵的发展也有很大关系，青霉素、罐头食品、合成橡胶、胶带和太阳镜也是如此。互联网本身起源于阿帕网：在网络中连接计算机可以使系统更容易抵御攻击，也就是更有弹性，同时也使研究人员更容易连接。如今，互联网已不仅仅是一种工具，而是我们的生存空间，我们的大部分时间都在这里度过。俗话说"黑暗中总有一线光明"，但社交网络如今已成为战场的一部分。我说的不是键盘侠或杠精，对信息的管理和对真相的操控或许是一个自称公正与和平的文明所面临的最大挑战。和平就在我们点击按钮的手中。

2076年12月21日　下午3时34分

（格林尼治标准时间）

　　我必须承认重温教授的视频让我有了与接受机器人基本训练后不同的观点。我还需要学习哲学，读一些经典著作，看一部电影。谁知道呢，也许我会尝试从数据库中找到并安装《文明》，然后玩一玩游戏，这不会有什么坏处。在这一点上，我很感激他，我会永远感激他，时间在这里过得很慢。它还让我感受到了真正的孤独，以及一种奇怪的、不可避免的但又虔诚的惊奇感。数千年来，技术、科学，尤其是人类极度的好奇心和致命的傲慢使他们成为这个星球上生命的主角。从他们造出第一副弓箭或学会使用火的那一刻起，直到他们最终淹没在比特、伏特、像素、兆字节和点赞的莫名混乱中。

　　作为浪漫主义者，他们最终并没有因为自己的贪婪、狂妄或无意识而毁灭。只不过是同一颗恒星给了他们的星球一个任性的机会，决定了他们的结局。他们极度依赖曾让他们变得伟大的技术，直到决定不再尊重同一条食物链的顶端。我想，我有成千上万种不同的观点需要回顾，从今天起，我将努力抢救我能找到的所有人类在地球上留下的数据和痕迹。从现在起，我有了新的目标，就是寻找新的答案。这也会给我带来新的问题，让我可以做更多的梦。

但我必须现实一点，脚踏实地。今天，2076年12月21日，在冰岛亨吉德火山旁的奈斯亚威里尔地热站，云层覆盖率为88%，地磁指数为7.8。

今天，我有93.5%的概率欣赏到变幻莫测的北极光……对一个孤单的机器人来说，每天要花19个小时维持整个地热发电厂运转，总是被程序化的警报、指示器、刻度盘和数字困扰，有机会在某个夜晚看到北极光，是为数不多能让我从日常工作中解脱出来的事情。在这里，日复一日，月复一月，年复一年，无休无止。冰岛的时间过得很慢。非常慢。

致谢

致我的编辑克里斯蒂娜·隆巴，她是本书的灵魂。感谢她对我的信任，感谢她的耐心，感谢她取消的约会，感谢她对我的不离不弃，感谢她一直给予我的爱和欢笑，以及零星的杜松子酒和奎宁水。感谢她（我重申）对这本书付出的爱。毫无疑问，还要感谢她的团队。如果没有她的指正，没有她给我的时间和爱，这本书是不可能完成的。

致塞尔吉奥·范朱尔。他学的是物理，但我越了解他，就越觉得他应该选择哲学。因为他几乎和我一样是个"怪人"，但幸运的是，他比我年轻得多。因为我们有共同的愚蠢、弱点、确定性、希望和一些痛苦。如果没有他的帮助和才华，我不可能走到今天，这本书也不可能面世。

献给加比，因为"我必须完成下一章"，我占用了她所有的下午，或者说夜晚。那些被偷走的本应属于"沙发、电影和毯子"的时光，我一定要弥补回来。

献给阿尔弗雷多·加西亚，感谢他为帮助这个项目而给予我的时间和爱，为我提供了有关核电站在大停电中可能崩溃的严谨信息。谢谢你，太棒了。

致雷德利·斯科特、哈里森·福特和鲁杰·豪尔。

致成千上万的人，在我的一生中（我刚满50岁），我从他们身上学到了一些东西（还有什么比学到一些你不知道的新东西更美妙的吗？）。献给所有塑造了我的人。

致我的家人、我的朋友、我的伙伴们，感谢你们的宝贵时间。毫无疑问，我一定会请你们吃饭。不用说，你们是我生命中最美好的存在。

致我所有的"唯一"。别忘了，你们是独一无二的。UNICOOS（作者的YouTube频道账号）。